宇宙认知大百科

银河系

[西]伊格纳西·里巴斯/著　田甜/译

天地出版社 | TIANDI PRESS

图书在版编目（CIP）数据

银河系 / (西) 伊格纳西・里巴斯著；田甜译. —
2版. — 成都：天地出版社, 2022.7（2024.3重印）
（宇宙认知大百科）
ISBN 978-7-5455-6975-9

Ⅰ. ①银… Ⅱ. ①伊… ②田… Ⅲ. ①银河系 - 普及
读物 Ⅳ. ①P156-49

中国版本图书馆CIP数据核字(2022)第026985号

Text: Joel Gabàs
Complementary text and appendix: Luz María Bazaldúa, Gonzalo del Castillo, Alejandro Riveiro de la Peña, José Saco

著作权登记号　图进字：21-2020-412

YINHEXI
银河系

出品人	杨　政	责任编辑	王　倩　刘桐卓
总策划	陈　德　戴迪玲	特别审校	陈　维
联合策划	北京高朗文化传媒有限公司	特约编辑	张芸荫
作　者	［西］伊格纳西・里巴斯	装帧设计	霍笛文　张宇娜
译　者	田　甜	责任印制	刘　元
策划编辑	王　倩		

出版发行　天地出版社
（成都市锦江区三色路 238 号　邮政编码：610023）
（北京市方庄芳群园 3 区 3 号　邮政编码：100078）
网　　址　http://www.tiandiph.com
电子邮箱　tianditg@163.com
经　　销　新华文轩出版传媒股份有限公司

印　　刷　北京瑞禾彩色印刷有限公司
版　　次　2022 年 7 月第 2 版
印　　次　2024 年 3 月第 5 次印刷
开　　本　889 mm × 1194 mm　1/16
印　　张　5.75
字　　数　100 千
定　　价　45.00 元
书　　号　ISBN 978-7-5455-6975-9

咨询电话：（028）86361282（总编室）
购书热线：（010）67693207（营销中心）

本版图书凡印刷、装订错误，可及时向我社营销中心调换。

已知的宇宙
超星系团
不可避免的
星系大碰撞
银河系
太阳系

闯入苍穹的入侵者

银河系和它的“姐姐”仙女星系迈着稳健的步伐，以日吞数百万千米的速度正在向彼此靠近。未来几十亿年，它们之间的空间裂缝会闭合，两个星系注定会迎来彼此的迎面相撞。

近邻仙女星系

由于置身于银河系中，我们从地球的视角观察，银河系宛如一条横跨夜空的朦胧光带；而它左边的仙女星系只是一个看起来微不足道的椭圆形天体。尽管两个星系相距254万光年之遥，但其超大质量产生的引力正将它们以约100万千米/时的速度拉近。

共赴一场引力之约

37.5 亿年之后，银河系和仙女星系这两个庞大的星系将受到一种宇宙中罕见规模的吸引力而彼此靠近。那时它们的距离还很遥远，引力作用不足以使其变形，但是它们向彼此靠近的速度在不断增加，预计可达 150 万千米的时速。

夜空中绝对的主角

图为银河系和仙女星系第一次交汇的艺术效果图。仙女星系是银河系附近最庞大、最耀眼、距离最近的邻居。因其明亮核心不会被尘埃所遮蔽，从地球上我们可一睹其壮美的身姿。

初次相遇

又过了 2.5 亿年，银河系和仙女星系终于相聚了。不过这场擦肩而过的初遇却使它们的形状彻底扭曲，其成员恒星会倾泻到星际空间的四面八方。接下来的数亿年中，它们将再次远离彼此，短暂驻足，进而以更快的速度猛冲回来。

引力交互作用

在这张图中，科学家模拟了银河系和仙女星系受引力作用而严重扭曲的形态。当星系相撞时，尽管有些恒星会被抛离出原来的轨道，但鉴于星际空间的广袤无垠，恒星和恒星之间的直接相撞几乎是不会发生的。那时，太阳会处于离银心更远的偏心轨道上。

巨大的新生星系

大约 70 亿年后，银河系和仙女星系终将合二为一，融合成一个巨大的椭圆星系。从此，一个拥有近万亿颗恒星的新生星系开始主宰这奇特的宇宙一隅。那时我们的太阳已不复存在，取而代之的是更多的冉冉升起的新生“太阳”。

星系并合

银河系和仙女星系的星系核最终会并合，各自的成员恒星也将占据新的轨道。一个巨大的椭圆星系伴随着两个星系的并合而诞生，新的星系核渲染着整个夜空。

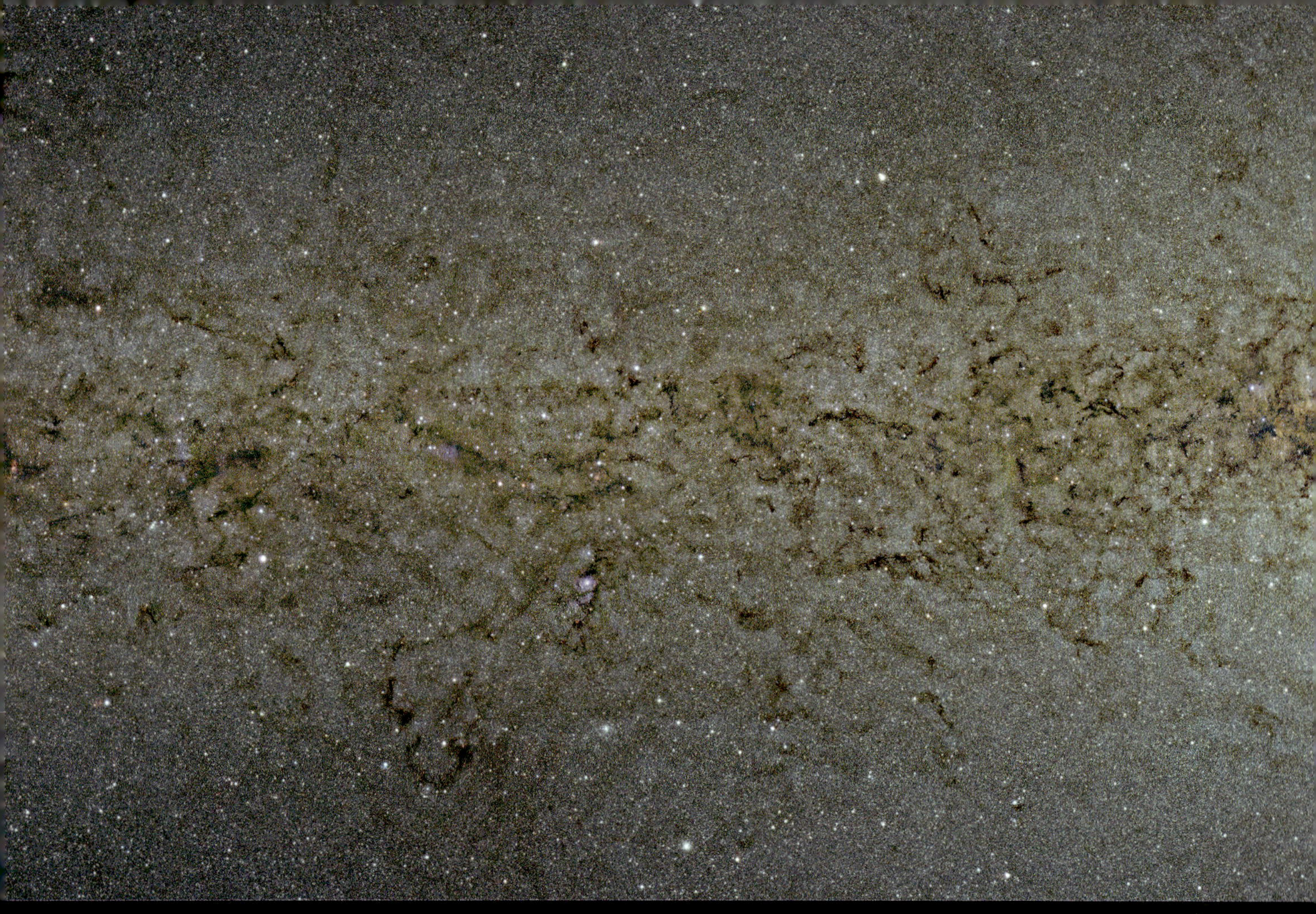

银河系 · 目 录

巨大的太空旋涡

这张银河系中部图由智利帕拉纳天文台拍摄的数千张照片合成

探索银河系

大尺度的宇宙

银河系的演化和未来

观测银河系

附　录

巨大的 太空旋涡

璀璨群星点缀着如墨苍穹，它们只是银河系几千亿颗恒星中的沧海一粟。而银河系——太阳系的家园，也只是广袤宇宙中数十亿星系之一。

左图：地球上看到的银河系中心

气体云

气体的冷却和收缩形成了原始气体云。新一代恒星是在银盘形成之前诞生于气体云内部的

银盘的成长

原始气体云等星际介质聚集成团形成了今天的银晕。气体的不断积累促成了一个不断成长的圆盘，从而吸引更多的气体聚积于此，最终生出新一代的恒星，新一代的恒星聚积成团，形成了今天的银晕

银河系是如何形成的?

银河系的形成始于由原始气体云产生的第一代恒星团。继而形成的星系盘，通过不断吞噬邻近星系里的物质，使自身逐步壮大。

球状星团是在银晕中发现的一群恒星，它们由致密的气体云和尘埃形成。数十亿年后，银河系的质量不断增加，超强的引力使它开始逐渐旋转，从而形成了一个平盘结构。通过持续吸积银晕及邻近星系中的气体，这个银盘日益壮大，孕育出银河系的核球和旋臂等主要结构，与此同时，含太阳在内的新一代恒星开始诞生。目前，由于它一直从麦哲伦云（由两个邻近的矮星系组成）中吸收物质，银河系的体积仍然在扩大。

古老的恒星，年轻的恒星

在银晕的球状星团中发现的最古老的恒星，诞生于约 130 亿年前，其形成仅历经了 8 亿年。然而分布在星系盘里的恒星却年龄不等，这取决于它们所处的位置。年老的恒星主要位于银核的周边，而年轻的恒星则多分布于旋臂上，在旋臂上至今仍然有新的恒星不断形成。

气体——万物之源

这张图片呈现了银河系从诞生于分子云到形成棒旋星系的整个演化过程中的四个重要阶段。

银核

银盘随着收缩逐渐变得扁平，并开始加速旋转，最终在星系中心形成一个致密的银核

旋臂

旋臂是银河系演化过程中最后形成的结构。旋臂以及连接银核的银棒，都是星际物质密集的区域

银河系整体结构

俯瞰银河系，它是一个棒旋星系，太阳系位于它其中一条旋臂上。从正面看去，它包含一个明显的中心核球以及银河系的主体部分——银盘。有一个巨大的光晕完整地包裹着我们的银河系。

正面图

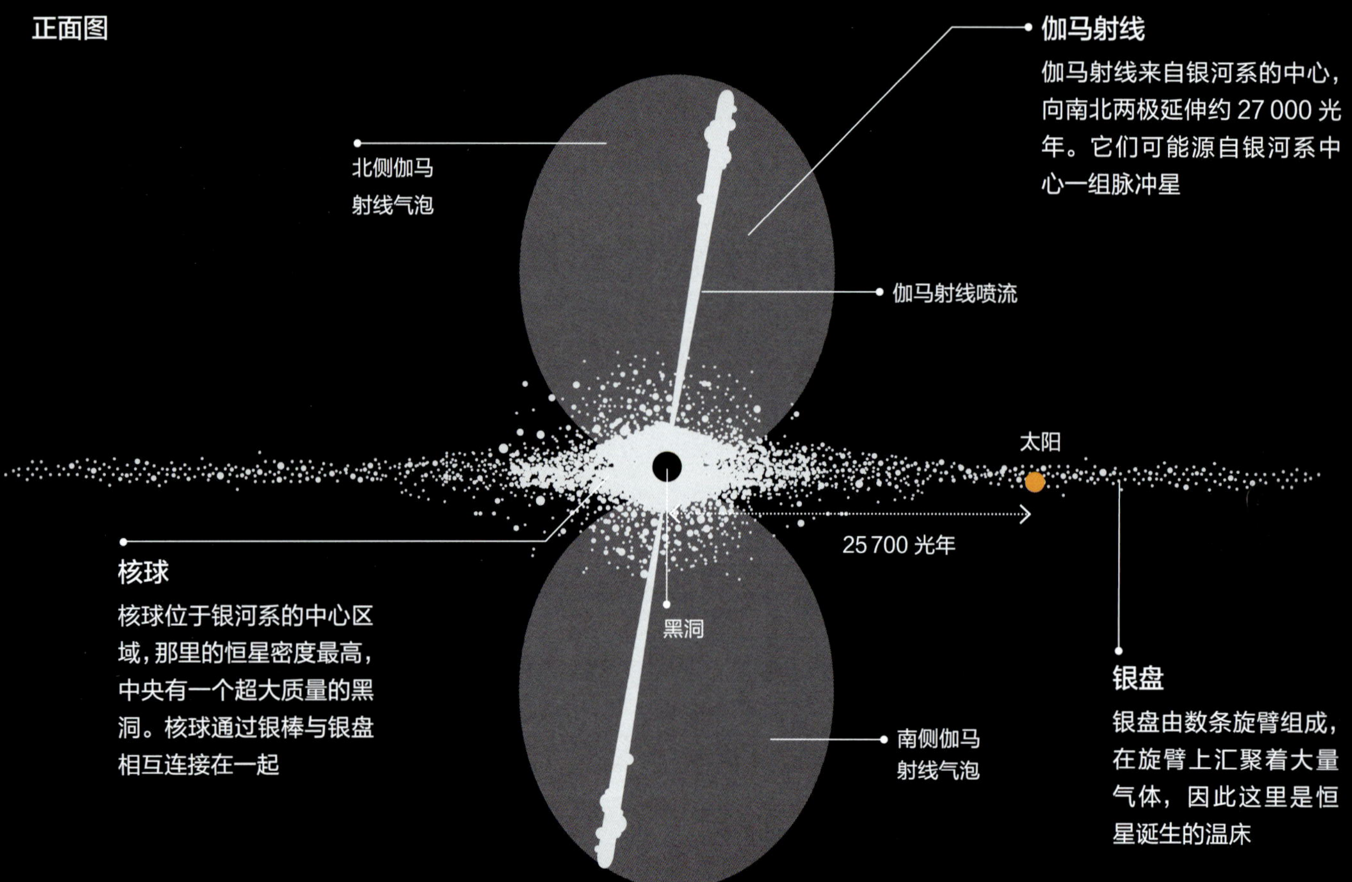

银盘直径	大约 12 万光年
银盘宽度	1 000~100 000 光年
总质量	8 亿 ~ 45 亿倍太阳质量
最古老恒星的年龄	大约 137 亿年
恒星数目	1 000 亿 ~ 4 000 亿颗
行星数量	大约每颗恒星有 1 颗行星
太阳到银河系中心的距离	2.47 万 ~ 2.67 万光年
太阳绕银河系中心的轨道周期	2.25 亿 ~ 2.5 亿年

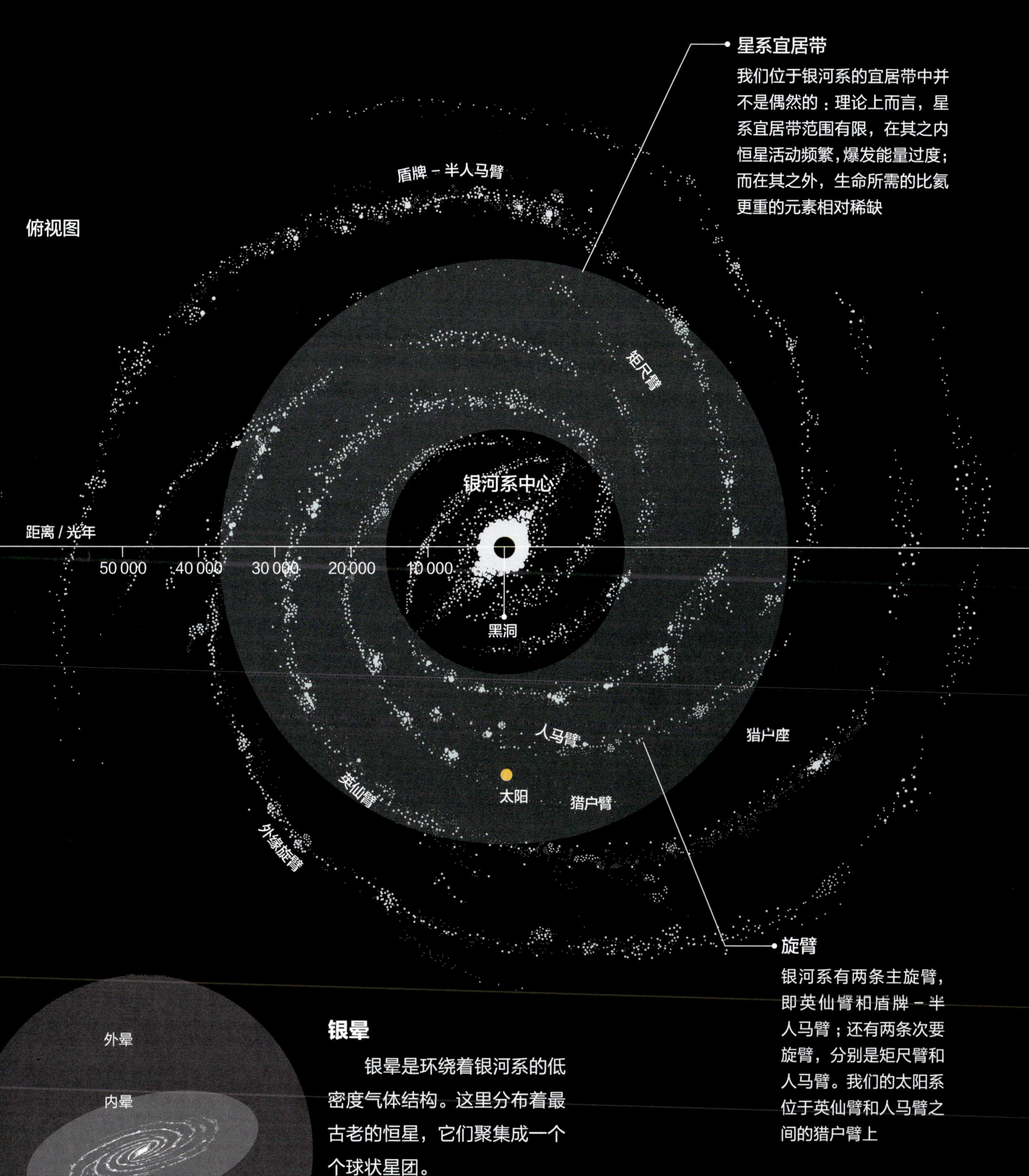

星系宜居带

我们位于银河系的宜居带中并不是偶然的：理论上而言，星系宜居带范围有限，在其之内恒星活动频繁，爆发能量过度；而在其之外，生命所需的比氦更重的元素相对稀缺

旋臂

银河系有两条主旋臂，即英仙臂和盾牌－半人马臂；还有两条次要旋臂，分别是矩尺臂和人马臂。我们的太阳系位于英仙臂和人马臂之间的猎户臂上

银晕

银晕是环绕着银河系的低密度气体结构。这里分布着最古老的恒星，它们聚集成一个个球状星团。

太阳系所在的旋臂

银河系中的气体和尘埃云，如同筑在我们面前的一道道“迷宫墙”，遮住了我们的视线。尽管如此，我们依然可以隐约地窥见，太阳系坐落在一条被称为“猎户臂”的旋臂上，该旋臂因靠近猎户座而得名。

太阳系所在的这条旋臂，处于人马臂和英仙臂之间。我们从地球上能看到的最明亮的恒星都分布于这条旋臂：最近的恒星是天狼星，距离我们约 10 光年，它是夜空中除太阳之外最亮的恒星；而参宿七是远距恒星中的翘楚，距离地球约 700 ~ 900 光年，它是由两颗恒星组成的双星系统，其质量约为太阳的 18 倍，半径约为太阳的 73 倍，可见光度约为太阳的 50 000 倍。

恒星稀少的区域

与银河系中心或银晕中的球状星团相比，太阳附近是一个相对不够密集的区域。然而，这种密度足以让我们在 50 光年半径内找到大约 2 000 颗恒星。

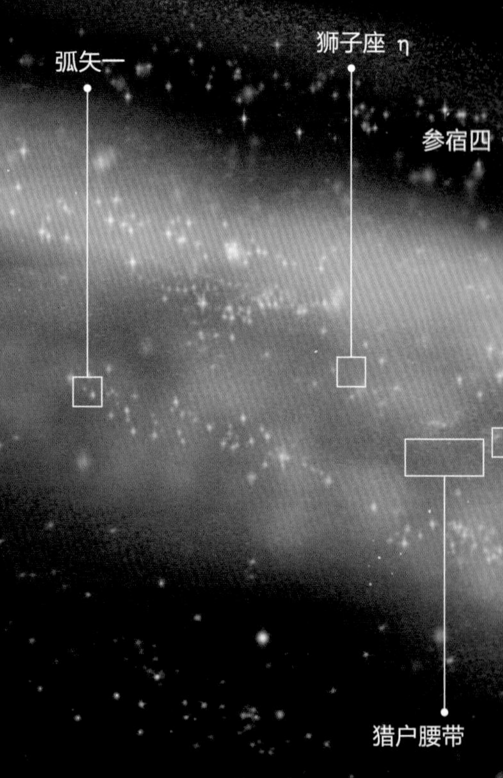

恒星	恒星系统	系统成员	与地球的距离
太阳	单星系统		0.000 015 8 光年
半人马座 α	三星系统	比邻星 半人马座 α 星 A 半人马座 α 星 B	4.24 光年 4.37 光年 4.37 光年
巴纳德星	单星系统		5.96 光年
沃尔夫 359	单星系统		7.78 光年
拉兰德 21185	单星系统		8.29 光年
天狼星	双星系统	天狼星 A（大犬座 α 星） 天狼星 B	8.58 光年 8.58 光年
鲁坦 726-8	双星系统	鲸鱼座 BL 鲸鱼座 UV	8.73 光年 8.73 光年

最明亮的恒星

猎户臂位于银河系两条主旋臂——人马臂和英仙臂之间。这张彩图呈现的是猎户臂及该旋臂中肉眼可见的比较明亮的恒星。

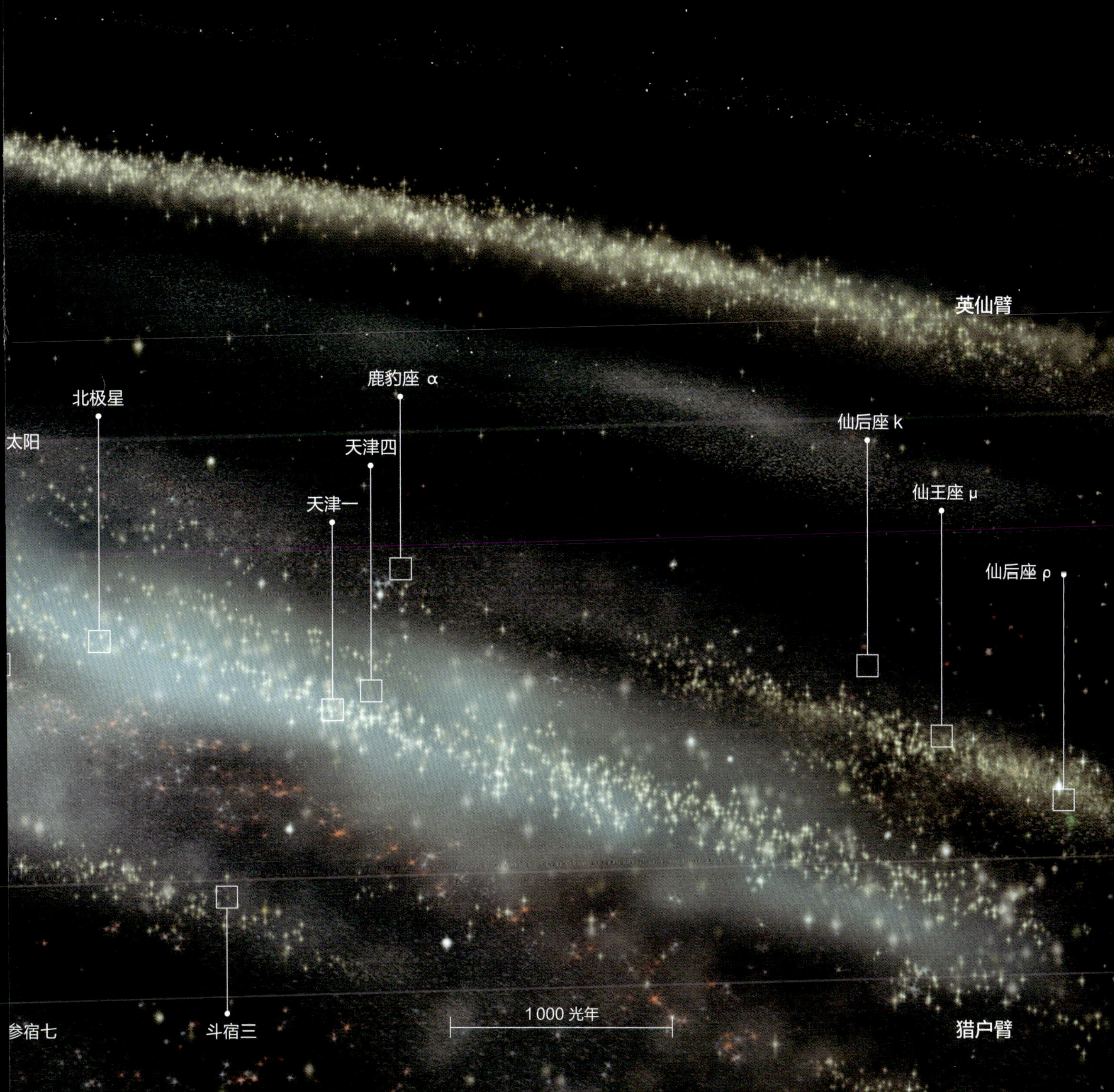

星系的类型

银河系是一个棒旋星系，属于五种基本星系类型之一。所述星系分类仅遵循星系形态上的共同特征，而未参照诸如恒星形成率和星系核活动等其他因素。

1. 椭圆星系

椭圆星系除了具有近似椭圆的外形，并没有其他明确的结构特征。其恒星在三维空间中围绕一个共同的引力中心运行。椭圆星系中几乎不存在星际介质。图为椭圆星系 M60。

3. 棒旋星系

很多旋涡星系中心都有一棒状结构，从两端将其旋臂连接。大量星际介质在旋臂中，使恒星在这里形成。我们的银河系和图中 NGC 7098 都是典型的棒旋星系。

2. 旋涡星系

旋涡星系在其主盘上形成明确的结构，大多数恒星围绕星系中心运行，逐渐形成星系盘。旋涡星系因其从核心两端延伸出的旋臂而得名，特征与椭圆星系相似。NGC 5559 就是一个典型的旋涡星系。

4. 透镜状星系

透镜状星系兼具旋涡星系和椭圆星系的特征：与旋涡星系一样具有星系盘；又如椭圆星系一般，星际介质匮乏。透镜状星系尽管没有旋臂，但它们也可呈现出旋涡的结构。NGC 6861 就是一个例子。

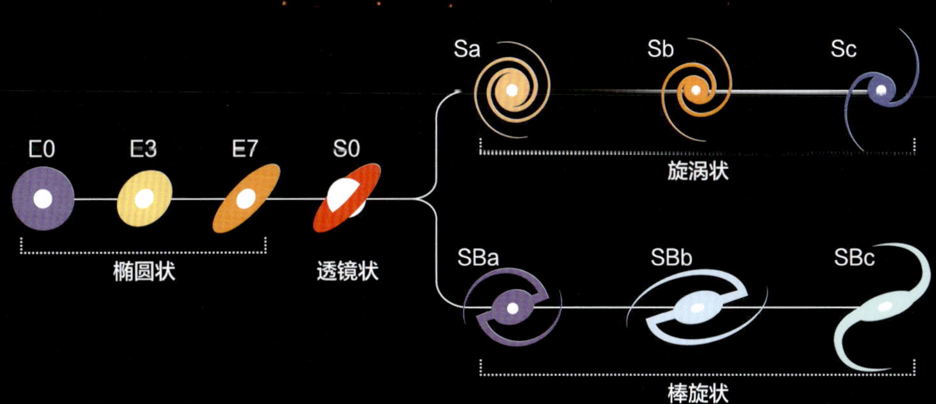

5. 不规则星系

多数不规则星系的形态非常混乱，没有任何星系核或旋涡结构的迹象。它们之前或许是旋涡星系或者椭圆星系，在受到其他星系的引力牵扯后发生了形态畸变，从而变成了不规则星系，例如 NGC 1427A。

哈勃序列

美国天文学家埃德温·哈勃（Edwin Hubble）开创了最早的星系分类系统之一，并一直沿用至今。哈勃定义了三种基本形状类型：椭圆星系（E）、旋涡星系（S）和棒旋星系（SB）。具有旋涡和椭圆星系特征的透镜状星系（S0）也包含在内。椭圆星系的亚型取决于它们的外观：0 表示几乎呈圆形的外观，而 7 表示最扁平的形状。旋涡星系的亚型同样被分为 a、b、c 等，分别代表它们旋臂缠绕的紧密程度。其中亚型 a 表示具有最紧凑旋臂的明亮星系核；亚型 c 表示其旋臂最松散的分散星系核。

银河系的运动

在银河系中，随着旋臂的转动，恒星、行星以及其他天体也在不停地运动。不仅如此，银河系本身也在旋转，并以惊人的速度在太空中穿梭。

恒星运动

银河系中的恒星存在于银核、银盘和银晕中。如图所示，每一类恒星群在环绕银河系运动时都有特定的模式。

银晕

银晕中的恒星围绕银盘做随机运动

银核

银核中的恒星也围绕银盘中心做随机运动

银盘

银盘上的所有恒星都沿同一方向以环形起伏的路径运动

从银河系北极鸟瞰，银河系无时无刻不在沿着顺时针方向旋转。在转动过程中，随着星系外围物质的角速度减缓，在太空中逐渐勾勒出旋涡状的结构。旋臂像波浪一样尽情地舒展，它们和恒星的步伐并不一致，因为恒星的运动是独立的。银河系以约 100 万千米 / 时的速度穿越在浩瀚太空中，并一步步逼近仙女星系，最终会与它相融合。

绕银河系旋转

银河系中的恒星围绕银河系中心运行，就像太阳系中的行星和其他天体围绕太阳旋转一样。由于恒星本身存在动能，即使银核以其巨大的引力牵引它们，它们也不会急速地向银核靠近。这些恒星以不同的速度独立地进行运动，而它们的运动速度和方式取决于它们在银河系中所处的位置。

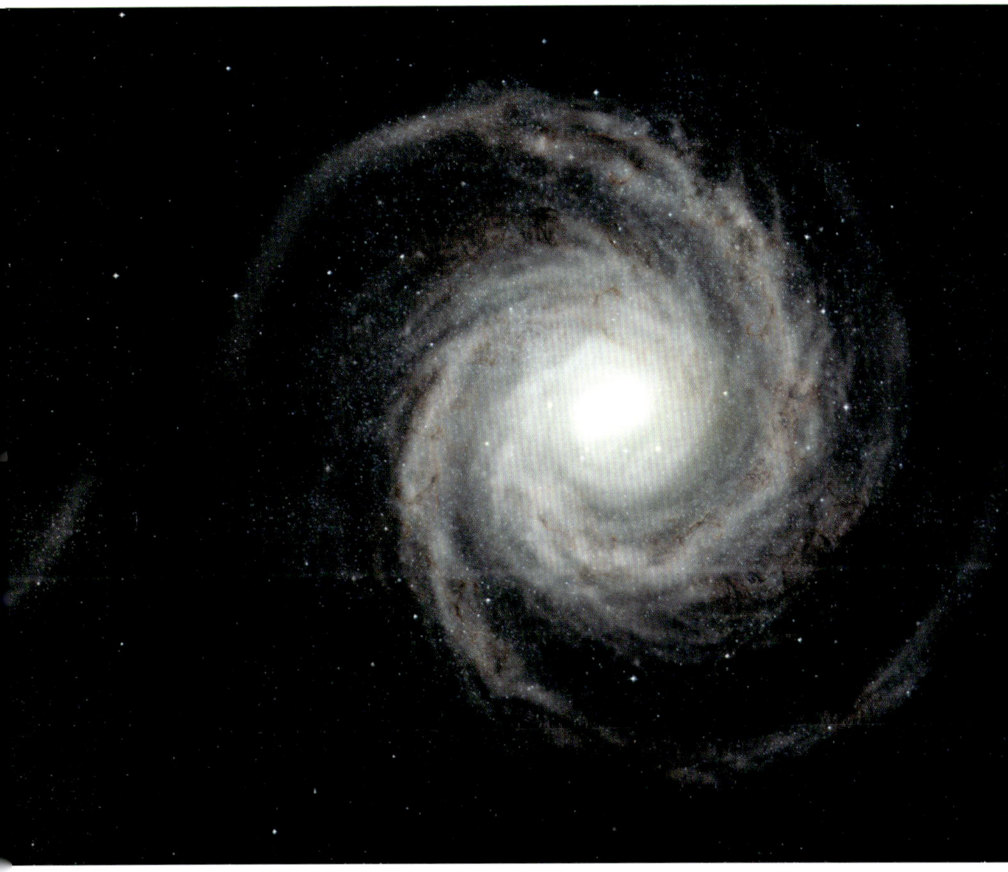

不断变化的结构

旋臂结构的演化历经了几十亿年，这张电脑模拟图还原了三个不同的演化时刻。这些旋臂远没有达到稳定的结构，随着时间的推移，它们会因断裂而分离，随后新的旋臂又会重新形成

穿越银河系

与银河系中的其他恒星一样，太阳围绕着银河系中心运行，同时贯穿银道面从北到南，再从南到北来回运动。银道面上聚集了银河系的大部分质量。太阳一方面受到银核的引力拉扯，另一方面受到银盘另一端天体旋转运动的引力作用，它们在共同运动下使太阳如此来回运动。同时，太阳系中其他的天体运动同样会对太阳的轨道产生影响。最终的结果就是太阳围绕银河系做螺旋运动，周期大约为 2.35 亿年。

起伏运动

太阳每绕银心一圈平均穿越银道面 2.7 次

太阳轨道

在过去的 45 亿年时间里，太阳绕银河系转了 20~25 圈

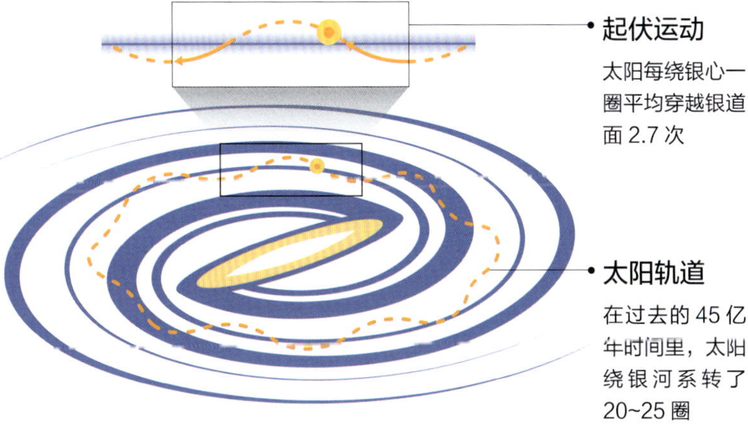

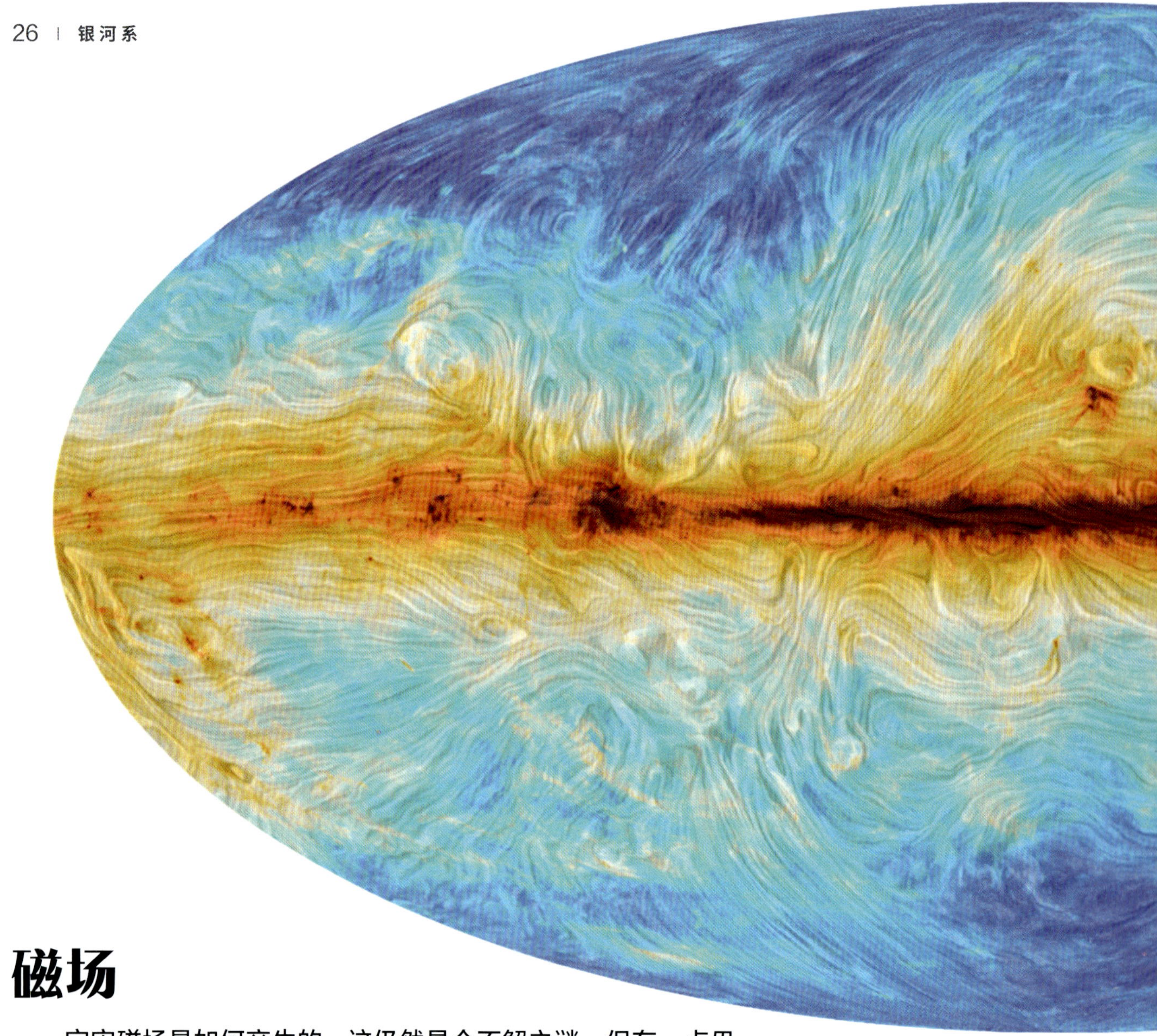

磁场

宇宙磁场是如何产生的，这仍然是个不解之谜。但有一点毋庸置疑，磁场广泛存在于宇宙空间的一切天体中，我们的银河系也有磁场。

磁场是空间中由于带电粒子运动产生磁力的区域。它是自然界四大基本力之一——电磁力的组成部分。虽然磁场的由来还是未知，但是天文学家相信它产生于银河系诞生之初。宇宙中的星系磁场是极其微弱的。我们拿银河系来说，它的磁场强度仅为地球的数十万分之一，因此很难被探测到。普朗克卫星借助偏振光探测器成功绘制出了银河系的磁场图。

星际尘埃

银河系的星际尘埃会产生电磁辐射。电磁辐射可视为电场与磁场的叠加，它们同向振荡且在互相垂直的方向上传播。由于尘埃温度很低，其电磁辐射为远红外线发射。通常星际尘埃可以在各个方向振动，但是当它们只朝着同一方向振荡时，便形成了偏振光。由于星际介质受磁场作用力，星际尘埃颗粒与磁场总是呈线性关系。结果就是，尘埃颗粒发出的辐射具有偏振性，这一点被普朗克卫星探测到，由此我们推测出银河系磁场的整体结构。

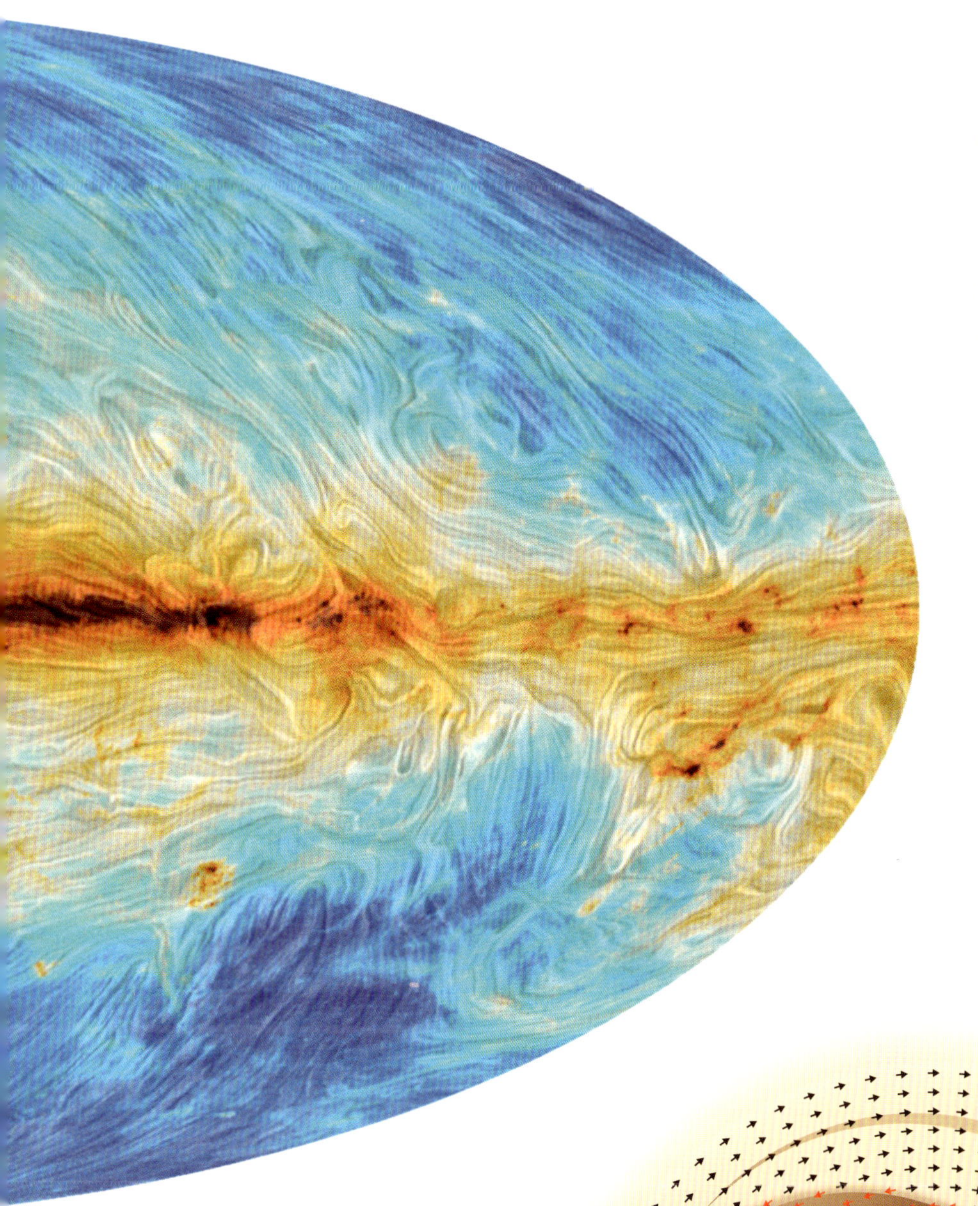

磁场图

这是欧洲空间局（ESA）普朗克卫星观测到的银河系磁场图。这张地图中，可看到尘埃颗粒在磁场引力作用下，和磁场呈线性关系。星际尘埃看上去很明亮，为我们研究星云的演化提供了很好的帮助。尘埃密度在这里用不同颜色显示，其中蓝色部分的密度低于红色和黄色部分。

独特的磁场

旋涡星系的磁场沿着其旋臂的方向传播，如该银河系磁场图中的棕色箭头所示。然而迄今发现的大规模磁场反向转动（如红色箭头所示），在已知星系的磁场中是独一无二的。磁场在银盘中相对于银河系盘面对称，但在银晕中不对称，在银晕中磁场在上方和下方呈现不同的方向。

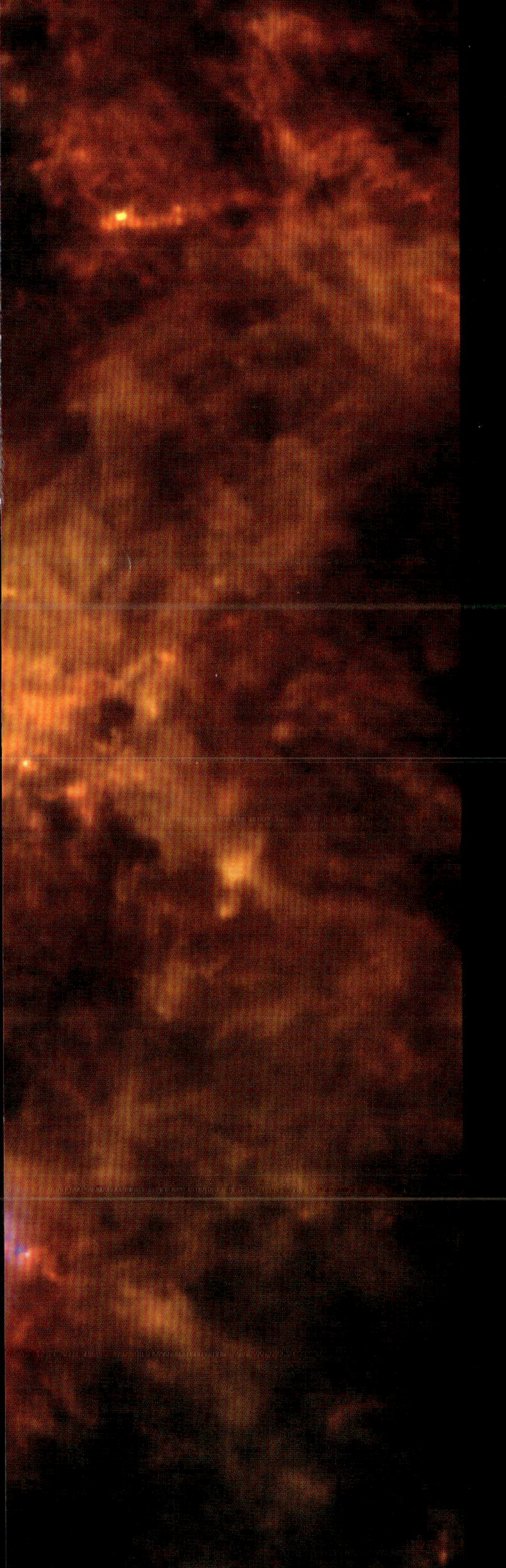

探索银河系

据估计，每年大约有 7 颗恒星在银河系中诞生，它们聚集在银盘和银核中。然而最古老的恒星则是分布在银晕的球状星团里。平均来说，银河系中每颗恒星周围都至少有 1 颗围绕它旋转的行星。

左图：W3 巨分子云，一片规模巨大的恒星形成区域

银晕

和其他棒旋星系一样，银河系被一个巨大的球状光晕所包围。这个光晕由古老的恒星、稀薄的热气体以及暗物质组成。

在环绕银河系的晕中，几乎没有新的恒星形成，这是由于银晕中冷气体密度极低，不足以造成坍缩并生成恒星。位于银晕中的恒星通常非常古老，它们簇拥在一起构成球状星团。这些恒星可能是从银河系的伴星系中俘获，并以一种非常规的方式围绕银河系运行，其轨道可能非常倾斜或者不规则，甚至是逆行的。银晕气体似乎延伸了数十万光年，其质量和银河系中其他的普通物质相当。据估计，暗物质的质量是普通物质的 5 ~ 10 倍，这个比值根据对气体质量的不同估值而有一定浮动。

旋转空洞

银晕的气体密度比地球上产生的任何真空都要低很多，但是其温度可以达到 250 万摄氏度，能够产生 X 射线并被观测到。最新研究表明，银晕中的热气体以较慢的速度围绕着银盘同向旋转，这种旋转有利于我们构建更精确的银河系形成和演化模型。银晕可以分为两部分：扁平的内晕和相对较大的外晕。散落在银晕内部的恒星通常比较年轻，它们围绕着银盘以相同的方向旋转；银晕外围的恒星以相反的方向旋转，科学家认为它们是曾被银河系吞噬的矮星系的残骸。

星系碰撞的残骸

银晕中有一些恒星密度较高的区域，这些区域被认为是星系碰撞的残骸。其中最著名的一个区域被称为室女座恒星流，它的方向几乎垂直于银盘，并在天球中占据了相当大的面积。通常认为它与正在被银河系“蚕食”的人马矮椭圆星系有关。

巨大的气体云

麦哲伦云是南天空的两个矮星系，而银晕中的气体似乎已经延伸到比它们更远的空间。在这幅图中，麦哲伦云位于地球 15 万光年之外，呈现在银河系的左边。

两类恒星

银河系中有两类恒星，分别被称作“星族 I”型和“星族 II”型。第一类是年轻的恒星，它们富含重金属，寿命短，太阳就是其中之一。星族 II 型的恒星年龄更大，通常只有极少的重元素，寿命也更长。银盘中发现的恒星属于星族 I 型，它们聚集成不规则的疏散星团。在银晕和银核中发现的恒星属于星族 II 型，通常会形成球状星团。银晕的球状星团在银心附近相对较多。

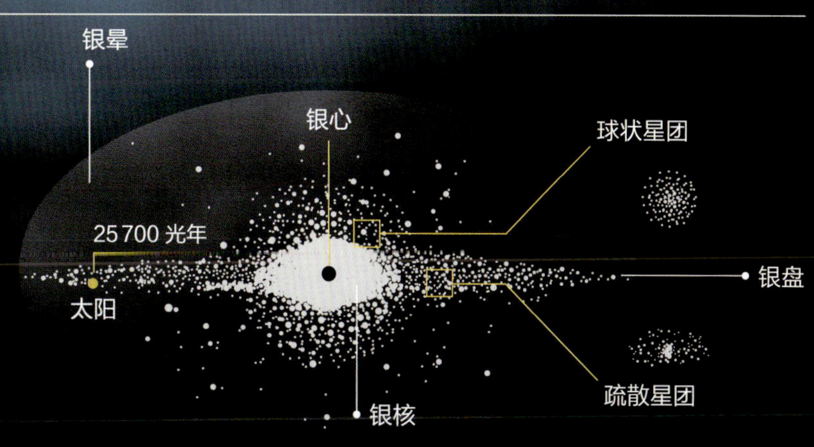

银晕和银盘中的星团

球状星团大量散布在银晕中，呈圆球形态，其成员都是年龄为 136 亿年左右的最古老恒星；疏散星团则聚合在银盘中，由年轻的恒星组成，并未形成一个明确的结构。

1. M13

该球状星团距离我们约 25 000 光年，是北半球天空中最明亮的球状星团之一。在良好的观测条件下，肉眼就可以看到。M13 包含了大约 100 万颗恒星。

2. 昴星团

昴星团是距离地球最近、我们最熟悉的疏散星团之一，其中包含了 500~1 000 颗恒星，但是尽管在晴朗的夜空下，肉眼可观察到的通常只有 14 颗。

3. 杜鹃座 47（NGC 104）

杜鹃座 47 肉眼可见，是全天中第二大球状星团，仅次于半人马 ω 球状星团。它距离地球 17 000 光年，距南天极仅 18 度，直到 1751 年才被发现，有致密明亮的核心。

4. NGC 3603

该星团距离我们 20 000 多光年，位于银河系的人马臂中。NGC 3603 球状星团中存在着大量的恒星，其周围巨大的气体云和尘埃是孕育这些恒星的温床，形成了活跃的恒星形成区。

2
3
4

银盘

银河系的星系盘并不是完全平展的，而是呈弯曲状，就像在高温下的一张黑胶唱片。几十年前科学家就知道这一现象，但是直到最近几年才得出了令人信服的解释。

最早的推测中，有人将银盘扭曲的外因归咎于银河系“矮邻”麦哲伦云的引力作用。然而这一假设在后来被推翻，原因在于科学家通过计算得出，麦哲伦云的总质量很小，不可能成为导致银盘变形的“元凶”。但是，最新的研究又一次将麦哲伦云认定为“罪魁祸首”，并对此作出了更完整的解释。科学家通过一个电脑模型，成功还原了银盘弯曲的过程。该模型考虑到银河系被大量暗物质所环绕，当麦哲伦云穿过其暗物质晕时，暗物质扩大了星云的引力影响，导致银盘开始扭曲。

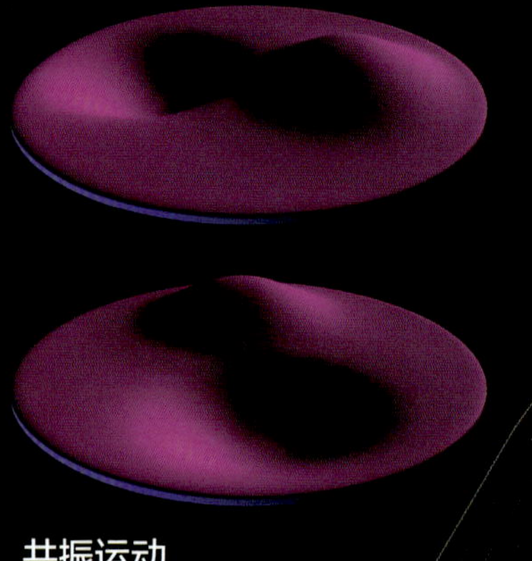

共振运动

计算机模型表明，银盘的形变或许与缓慢的共振运动相对应。上图显示了形变过程中的两个时刻。

如鼓振动

这张银盘扭曲形态模拟图揭示了一个令人惊讶的现象：暗物质和麦哲伦云的相互作用在银盘上产生振动，就如同鼓面被敲击时产生的振动一样。因此，我们感受到的银盘静态形变，其实是一个慢振瞬间。

氢层

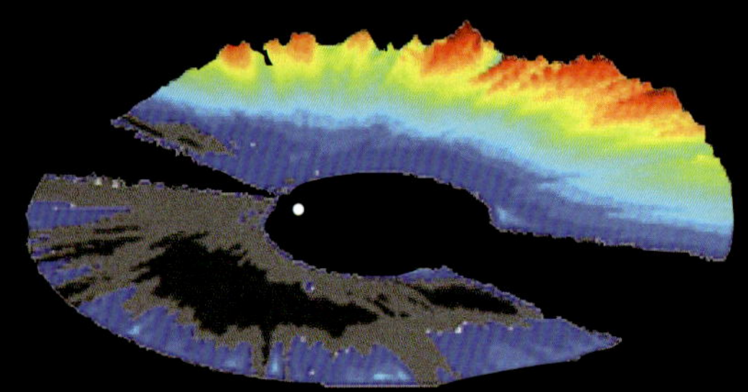

这张图详细展现了由气体盘释放的中性氢造成的银河系变形，甚至延伸至最高恒星密度的区域之外。彩色等高线相对于银道面“向上”变形，而灰色部分则“向下”变形。位于中心圆左侧的点表示太阳的位置。

波浪圆盘

这张模拟渲染图展示的银盘扭曲被夸大了，因此可以看到银盘在银道面两端如何形成褶皱。银盘的扭曲归因于麦哲伦云（在银盘的右边），而一般认为是暗物质晕的影响放大了它的效果。

扭曲的星系

如图像中我们观察到的 ESO 510-13 星系一样，星系盘发生扭曲变形并不是奇怪的事情。包括银河系在内的很多旋涡星系，其星系盘都有一定程度的形变。这些形变通常集中在星系盘的两端，而中间部分保持平坦。

作为棒旋星系的银河系

银河系的银核位于人马座方向，是银河系最明亮的部分。尽管它隐匿在大量星际尘埃之后，科学家们还是成功揭开了它的面纱，窥视到它的棒状结构。

银核是银河系恒星密度最高的区域，只有部分区域的恒星密度低于球状星团。据估计，其恒星总质量可能达到太阳的 200 亿倍，光度是太阳的 50 亿倍。在 20 世纪 90 年代以后，天文学家开始怀疑银河系有一个棒状结构，这个推测在后来得到了进一步的印证。其棒状结构的具体形态虽然还存有争论，但已经可以确定它长约 30 000 光年，与地球和银河系中心的连线成 45° 角。

观察银核

银核和太阳系之间充斥着大量星际尘埃，阻挡了可见光辐射、紫外线以及低能 X 射线的传播。想要探测到银核的真实信息，不仅需要借助具有强频辐射的高能 X 射线和伽马射线，同时也需要借助具有低频辐射的红外线和射电波。

银棒的性质

银河系中心的银棒看似是一个固体结构，实际上它们是由一系列密度波构成的。银河系附近的气体比远处的气体移动得快，从而促成了银棒的形成。

银棒附近的恒星

银河系中心棒里的恒星可以根据它们的速度被识别，人们可以从星系中心的任意一侧来观测它们，据此，我们可以区分它们是正在靠近还是远离地球。在这张由斯隆数字化巡天项目（Sloan Digital Sky Survey）提供的地图上，“○”表示已被探索过的空间区域。那些用“⊗”标记的区域表示那里被探测到的恒星正在远离地球，而在另一边，“⊙”表示正在向地球靠近的恒星的位置。

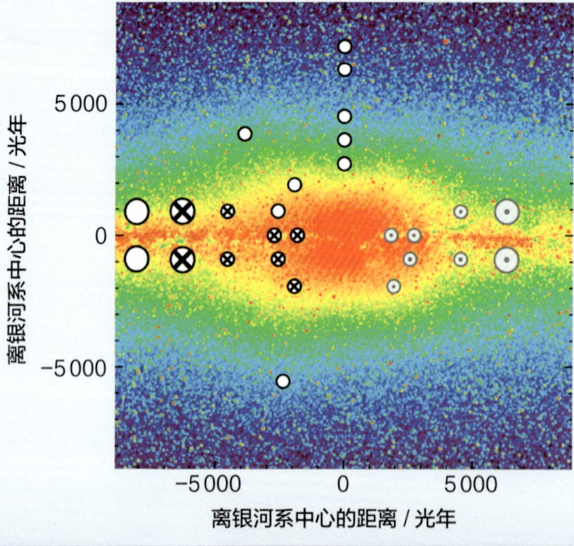

银棒

这幅艺术家制作的效果图描绘了从银盘外看到的银河系中心的棒状结构的样子。

其他棒旋星系

NGC 1300

距离地球约 6 000 万光年，这个星系的主要特征是它的核心有一个较小的螺旋结构

NGC 1672

该星系距离地球约 6 000 万光年。它具有不对称的旋臂，且每条旋臂的亮度差异很大

NGC 7479

位于约 1.05 亿光年之外，以其不对称的结构、明亮的外观和拥有异常活跃的恒星形成区的中心棒状结构而闻名

旋臂

银河系的星系盘由数条旋臂构成，它们具有高密度的气体和星际尘埃。气体的分布和特性并不总是均匀一致的，因此可将它分成不同的区域。

旋臂中的星际介质分布密集，使恒星能够在其中形成，因此位于旋臂上的恒星多数为年轻恒星。由于密度极高，压缩的星际气体坍缩成分子云并形成了大质量恒星。旋臂与旋臂之间的区域呈鲜明对比，旋臂间气体稀薄，无法产生大质量恒星，这也是其亮度和可见度相对较低的原因。

星际介质

星际介质的主要成分是气体，剩下的 1% 为尘埃颗粒。星际气体中约有 3/4 的元素为氢，约 1/4 的元素为氦，还有少量其他元素。根据气体特性，我们可以将其分为 4 种类型：冕区气体、中性氢（HI）、电离氢（HII）以及分子云。

密度波

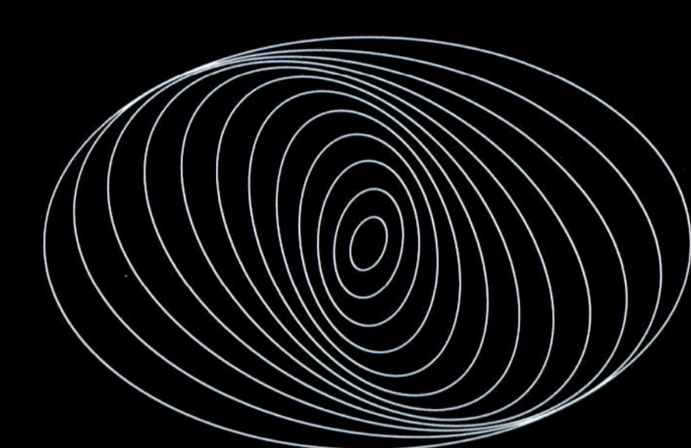

根据公认的理论，旋臂是特定时刻里物质密度高于星系中其他位置的区域。因此，波状干扰会将这些物质密度的变化传播到整个银河系。换言之，旋臂是星际介质暂时聚集的区域。组成旋臂的恒星并不是围绕旋臂旋转，而是有进有出，自由穿行于旋臂内外。

冕区气体

冕区气体在星际介质中占很高的比例。它是恒星通过星际风发出的一种稀薄的高温气体

中性氢区

这些区域主要由冷气体和中性氢组成，气体质量约占星际介质的一半

电离氢区

这些区域只占星际介质总质量的一小部分，但却不可忽视，因为含有电离氢，表明了有新生恒星的生成。这些区域可通过其偏红色特征而被识别

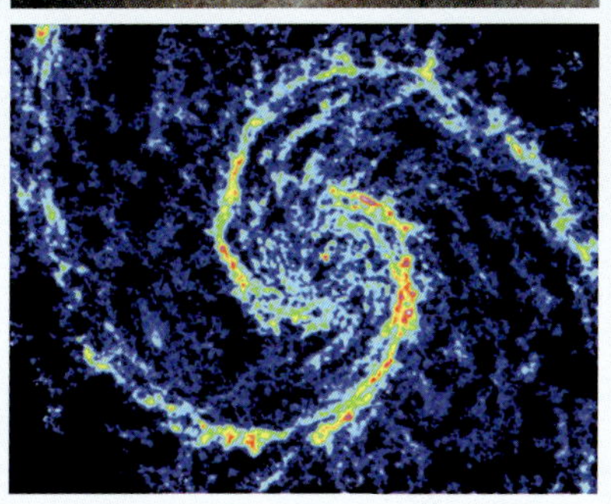

旋涡星系

图中这个旋涡星系和银河系的走向一样，可为我们提供从银河系本身无法观察到的视角。上图显示了它在可见光下的样子。下图是星系中一氧化碳的特征频率图，分子云中存在大量一氧化碳气体。红色部分代表气体浓度最高的区域。

分子云

这块区域虽然很小，但极高的密度和极低的温度能够产生氢分子、一氧化碳以及其他分子

太阳

太阳和太阳系栖身在猎户臂中，它们是46亿年前由一个巨大的分子云坍缩而形成的。极可能是附近超新星爆发产生的冲击波触发了该星云的坍缩

恒星的温床

银河系旋臂与所有旋涡星系的旋臂一样，是恒星形成的温床。

银河系中心

银河系的中心区域是银河系中最复杂和动荡的区域之一。尽管观测起来非常困难，但是现在我们已经确定了银河系中心的恒星密度，证实了超大质量黑洞的存在。

距离银心 4 光年以内的空间范围是恒星分布极为密集的区域。位于这里的恒星，很多和太阳的质量相当，年龄更为古老。但天文学家在此也发现了一些大质量的年轻恒星，它们似乎在几千万年前刚刚诞生，被称作“S 型恒星”。中心星团是银河系中密度最高、质量最大的星团。其恒星密集程度，相当于在太阳和距离它最近的恒星——比邻星之间塞进 100 万颗恒星。恒星密度之高，运行速度之快，是导致它们频繁相撞的原因。

超大质量中心

位于银核内的恒星，距离银河系中心越近，运行的速度越快。这表明在银心处存在一个超大质量的黑洞。而从银心附近喷射出来的伽马射线流是它存在的另一个证明：它们可能是超大质量黑洞剧烈运动后的遗骸。

星系中心的反物质

大量正电子（与电子具有相同特性但是带正电荷的粒子）在银心周围被探测到。这些成对的粒子和反粒子相互湮灭并释放出伽马射线，我们正是借此确定了它们的存在。银心（最亮部分）附近的辐射也在银河系盘面（水平结构）上方被探测到。

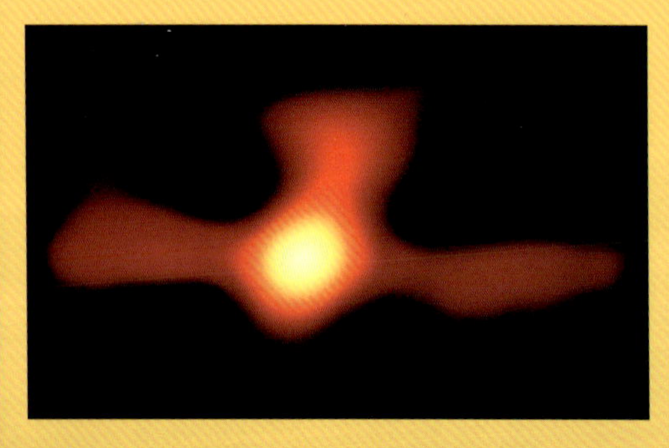

银河系中心

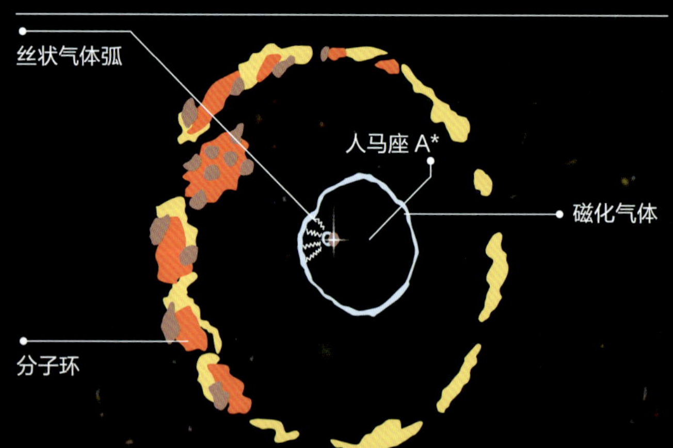

银河系中心被一圈分子环所包围，分子环由冷的中性氢云、分子云以及星云组成。在分子环内部，有一片充满磁化气体的区域，该区域通过一个丝状气体弧与射电源人马座 A* 和银河系中心相连。

伽马射线辐射

我们在银道面两侧靠近银核的地方，探测到两个巨大的高频辐射气泡，它们与人马座 A* 以及附近的年轻恒星群有关。

人马座 A*

银河系中心的超大质量黑洞通过对附近恒星施加引力作用，以及在吞噬周围气体和尘埃时向外发出射电辐射而彰显着自身的存在。不仅如此，经过它周围的任何天体物质似乎都插翅难逃，从而葬身其腹。

银河系中心黑洞的确切位置用射电源来标注，名为人马座 A*。从人马座 A * 处发出的辐射从绝对值来看很强，但相对于超大质量黑洞来说却微乎其微。这一现象其实不难解释：人马座 A* 周边区域几乎没有气体和尘埃，这使它与其他活动星系核相比，具有较低的吸积率。该黑洞很可能是在银河系早期由巨大的气体云逐渐致密最后坍缩形成的。

摩肩接踵的大质量恒星

年轻的 S 型恒星，其质量大于银河系中心附近的其他恒星。S 型恒星的轨道速度很高，达到了 1 000 千米 / 秒，这为黑洞的存在提供了又一条线索。通过测量这类恒星的运动，科学家估计该黑洞的质量大约是太阳的 400 万倍。由于黑洞周边存在着巨大引力场，因此 S 型恒星不可能在此生成。最有可能的解释是它们在黑洞的引力牵引下被捕捉过来。

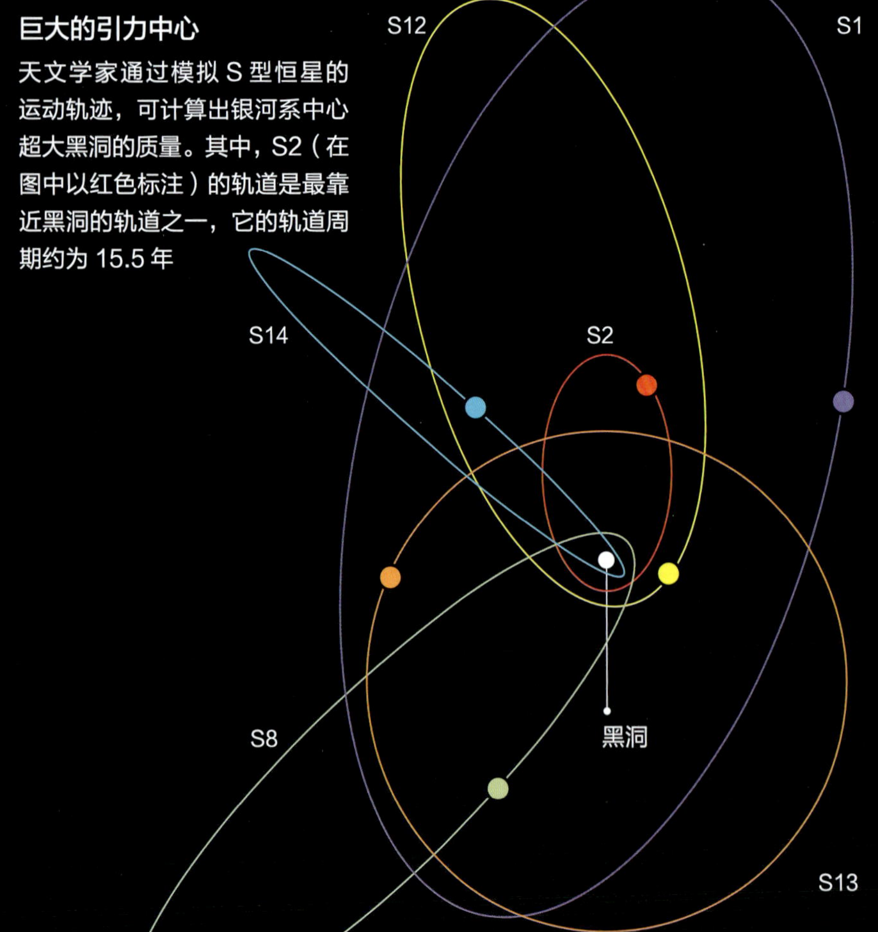

巨大的引力中心

天文学家通过模拟 S 型恒星的运动轨迹，可计算出银河系中心超大黑洞的质量。其中，S2（在图中以红色标注）的轨道是最靠近黑洞的轨道之一，它的轨道周期约为 15.5 年

人马座 A*

黑洞信号

钱德拉 X 射线天文台在 2013 年 9 月捕捉的图像，记录了从银河系黑洞发出的有史以来最大的 X 射线爆发。这可能是由于它吞噬了一颗小行星，也可能是流向人马座 A* 的气体内的磁场受到压缩所致。

星际气体和尘埃

银河系横跨夜空、璀璨非凡，细致观察这片明亮地带的内部，我们发现了更多的银河瑰宝——那些缤纷多姿、形态各异的气体和尘埃云。

NGC 896 星云

该星云是心状星云的一部分，位于英仙臂中，距离地球约 7 500 光年。与这类疏散星团相关的一部分辐射被尘埃带所遮挡

帷幕星云

该星云由高温电离气体组成，距离地球大约 1 500 光年，是几千年前一颗超新星爆发后的遗迹。它的直径大约是月球的 6 倍

加利福尼亚星云

距离地球大约 1 000 光年的发射星云，因其亮度相对较低，需要长时间曝光来获取它的图像

NGC 7822 星云

距离地球大约3000光年，这是一个恒星形成区域，包括沙普利斯 171 发射星云和被称为伯克利59的年轻星团

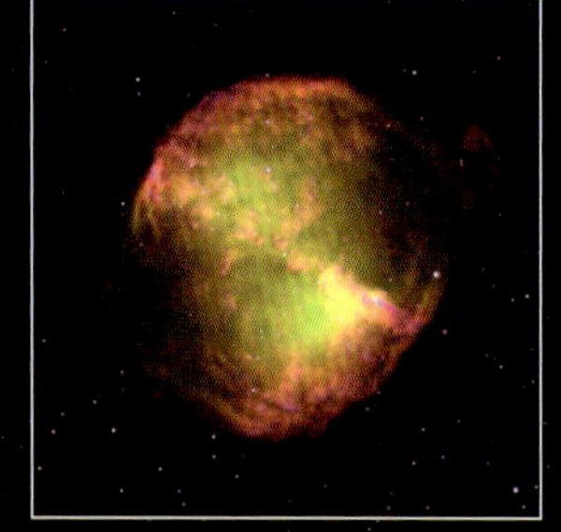

哑铃星云

距离地球约 1 200 光年的一个行星状星云，由一颗濒死的恒星向外抛出的明亮电离气体包层组成

星际星云是气体和尘埃密度高于平均密度的空间区域。科学家认为它们可能是星际介质凝结的产物，也可能源于恒星死亡时抛射的物质，这些物质有时通过剧烈的恒星爆炸被喷出。在第一种情况下，星云可以继续演化并诞生新的恒星。

明亮与黑暗

根据星云被我们感知到的方式，可以将它们分为发射星云和吸收星云。前者最为常见，因其气体受到附近炽热恒星紫外线辐射的激发，而发出明亮的光相反，吸收星云没有近距恒星，因此不发光，只有与较远处的发射星云形成对比时才会被察觉到。

船底座 η 星云

距离地球约 6 500~10 000 光年，是一个环绕着数个疏散星团的巨型发射星云。该星云拥有银河系中质量最大、最明亮的一些恒星，恒星海山二（三星系统巨星）和 HD 93129A 都属于这个星云

火焰星云

这个发射星云距离地球大约 900~1 500 光年，因受近距恒星参宿一（Alnitak 发射的紫外线激发，而呈现出红色特征

马头星云

距离地球约 1 500 光年的冷气体云，在明亮的 IC 434 星云前投下自己的剪影。它由发射星云、吸收星云以及大量年轻恒星构成，是猎户座复合体的一部分

三叶星云

距离地球约 5 500 光年的有恒星形成的电离氢区域。它由一个疏散星团、一个发射星云和一个吸收星云共同组成，形成了该星云的三叶草外形

银河系中的星云

星际星云通常聚集在旋涡星系的圆盘中和不规则星系的恒星形成区域里。以上这些是银河系最具代表性的星云。

“恒星育婴室”

银河系自形成到现在，一直都在见证着恒星的成群诞生。在银河系致密的气体云中蕴含着大量星际介质，它们是形成恒星的各种原材料。

作为“恒星育婴室”的星云，大部分是以氢分子形式存在，这些星云就是我们通常所说的分子云。据估计，在银河系中弥散着成千上万的分子云，其质量超过太阳的 10 万倍。分子云在气体动能和引力势能间的相互抗衡中，保持着一种平衡状态。然而，当引力占了上风，气体动能无法与之抗衡时，分子云便开始坍缩并生成原恒星。由星云坍缩形成的疏散星团，通常具有几千个太阳的质量。

冷与热

恒星的类型取决于生成它的分子云的特性。较冷的分子云倾向于形成低质量恒星，而较温暖的巨型分子云通常产生各种质量的恒星，包括一些大质量恒星。

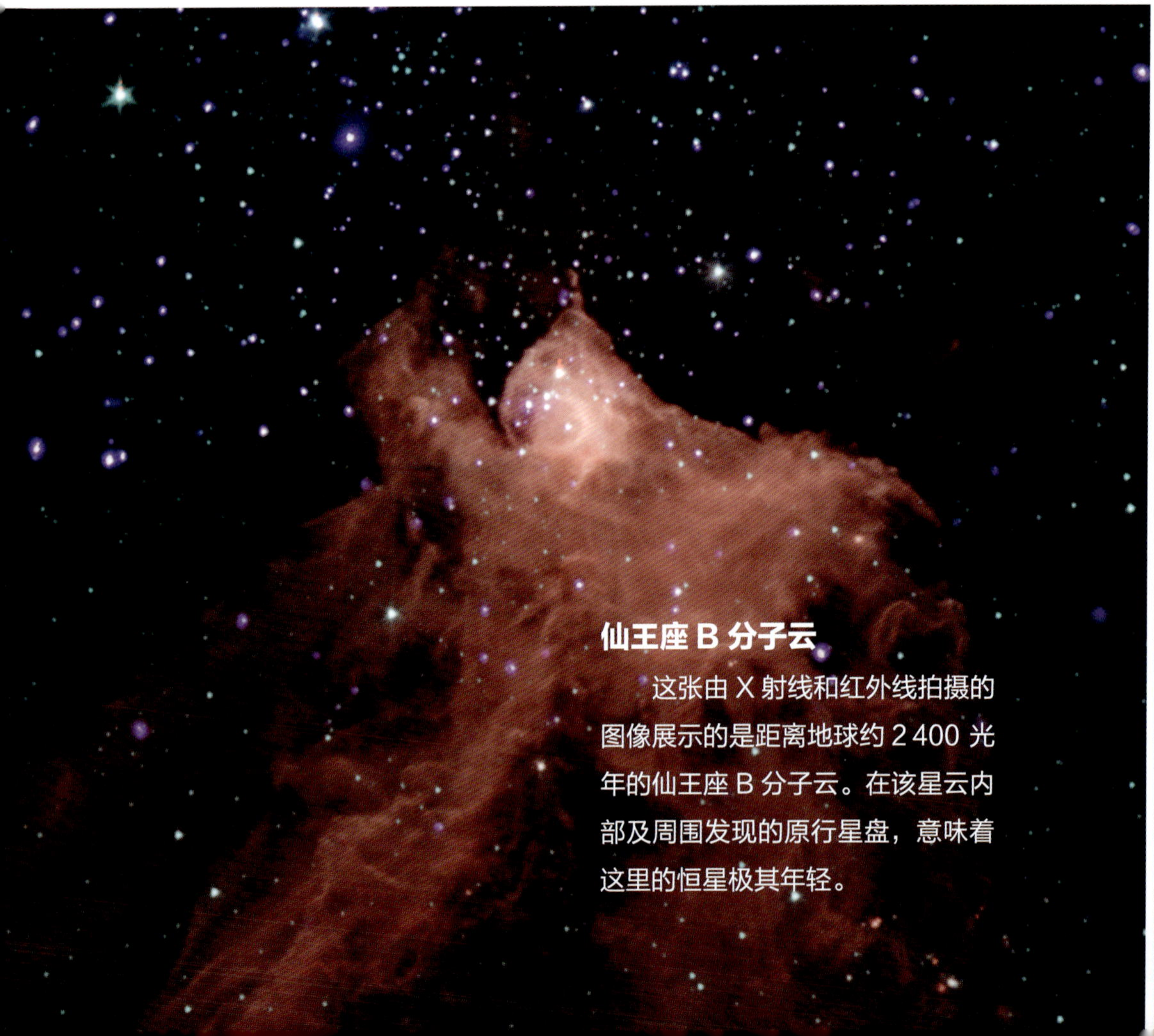

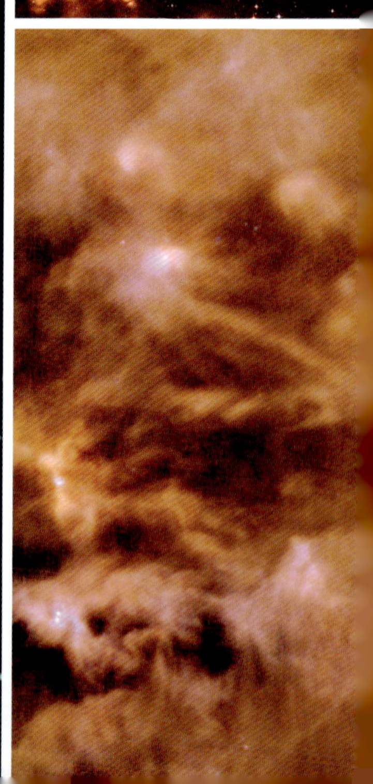

仙王座 B 分子云

这张由 X 射线和红外线拍摄的图像展示的是距离地球约 2 400 光年的仙王座 B 分子云。在该星云内部及周围发现的原行星盘，意味着这里的恒星极其年轻。

猎户分子云复合体

这是一个分子云复合体，肉眼可见，直径跨越数百光年，因体积庞大而格外醒目。同名的猎户座星云就位于其中。该星团是活跃的恒星苗圃，科学家从中观测到多个原行星盘。

巴纳德 68 分子云

该分子云中似乎没有可被观测到的恒星，原因在于这里的尘埃和分子气体高度集中，几乎吸收了背景恒星发出的所有可见光。

韦斯特豪特 -40 分子云（W40）

该星云距离地球约 1 200 光年，是一个高产的恒星形成区。在其中，有 700 颗恒星正在被哺育着。这是我们在图像中看到两个明亮区域的原因。

金牛座分子云

金牛座分子云距离地球大约 450 光年，其中有些部分的分子云呈现出细长的纤维状，很可能是由星云内部的磁场扰动导致的。该星云未来会成为一个恒星形成区。

化学元素富集

银河系中最早形成的恒星几乎不包含任何重元素。然而，它们在生命终结时却在星际介质中留下了“化学印记”，这种印记会逐渐注入后代的恒星中，直到形成了富含重金属的恒星。

银河系的第一代恒星诞生于大约 130 亿年前，与如今的恒星大不相同，它们中约有 3/4 的元素为氢，约 1/4 的元素为氦，还有少量其他元素。第一代恒星是最早的“原材料工厂”，重原子通过核聚变在这里生成。恒星在生命暮年将其外壳抛射到太空，这些原子也随之被掺入到星际介质中。

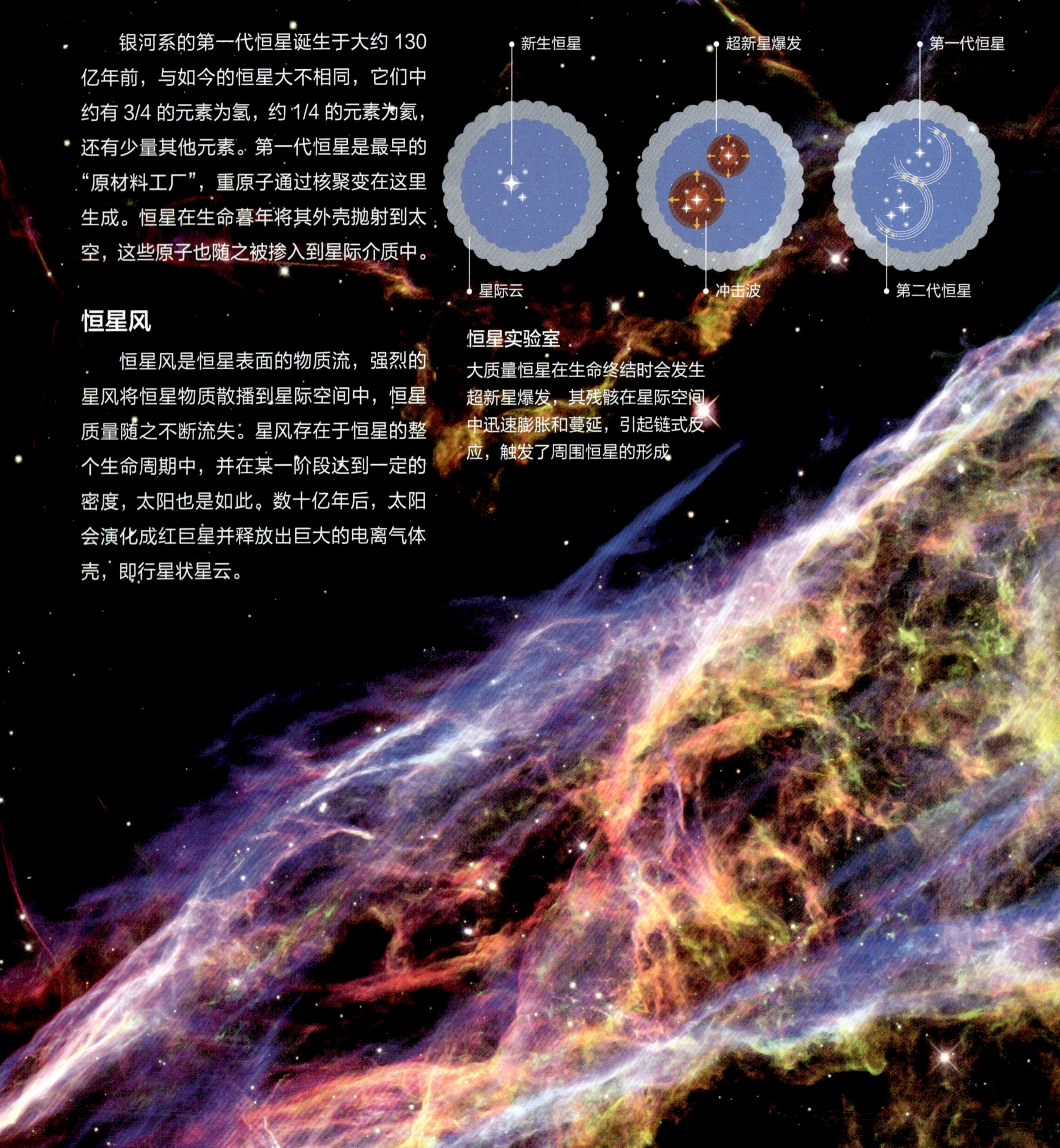

恒星实验室
大质量恒星在生命终结时会发生超新星爆发，其残骸在星际空间中迅速膨胀和蔓延，引起链式反应，触发了周围恒星的形成

恒星风

恒星风是恒星表面的物质流，强烈的星风将恒星物质散播到星际空间中，恒星质量随之不断流失。星风存在于恒星的整个生命周期中，并在某一阶段达到一定的密度，太阳也是如此。数十亿年后，太阳会演化成红巨星并释放出巨大的电离气体壳，即行星状星云。

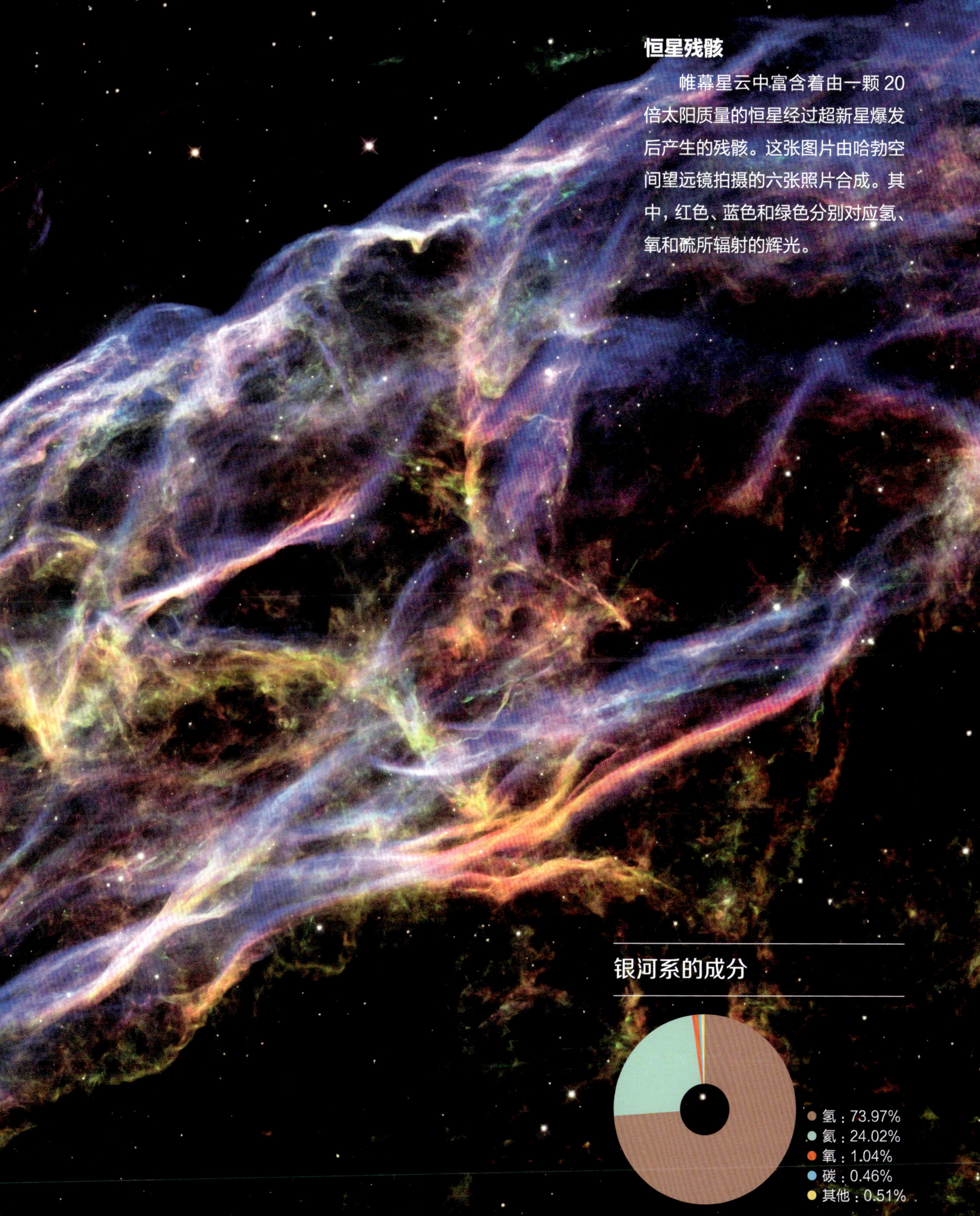

恒星残骸

帷幕星云中富含着由一颗20倍太阳质量的恒星经过超新星爆发后产生的残骸。这张图片由哈勃空间望远镜拍摄的六张照片合成。其中，红色、蓝色和绿色分别对应氢、氧和硫所辐射的辉光。

银河系的成分

氢：73.97%
氦：24.02%
氧：1.04%
碳：0.46%
其他：0.51%

行星系统

直到几十年前，太阳系还是宇宙中唯一被发现的行星系统。如今，已有成千上万个行星系统被发现，而它们仅代表了宇宙中的冰山一角。正如太阳系一样，一个行星系统中的恒星与围绕其运行的行星都起源于同一片分子云。

据估计，银河系囊括了数千亿颗行星，它们中有 100 亿颗左右拥有和我们地球非常相似的特征并围绕着类似太阳的恒星运行。因此我们大胆地猜测，也许这其中的一些行星上也孕育着某种形式的生命。然而，鉴于星际空间的广袤无垠，星际间的互动将会极为困难。即使在距离我们最近的行星上有生命繁殖的文明世界，他们发出的每一个信息需要跨越几十年才能传递到我们的地球上。

在分子云中诞生

恒星与围绕它们运行的行星都产生于相同的分子云。超新星爆发引起的激波是触发它们形成的原因之一。当激波扫过分子云附近，分子云发生坍缩，逐渐形成旋转的扁平状，并不断增加其旋转速度以保持角动量（旋转物体的惯性）守恒。

圆盘状是如何形成的?

分子云是孕育出原行星盘的种子。它们绕轴旋转，而尘埃粒子绕分子云质心旋转。大量粒子的运动使它们间的碰撞不可避免。在碰撞中，分子云的运行速度减缓，它们相对于轨道平面的角度也随之变小，于是粒子聚集在一起，逐渐形成了一个圆盘。

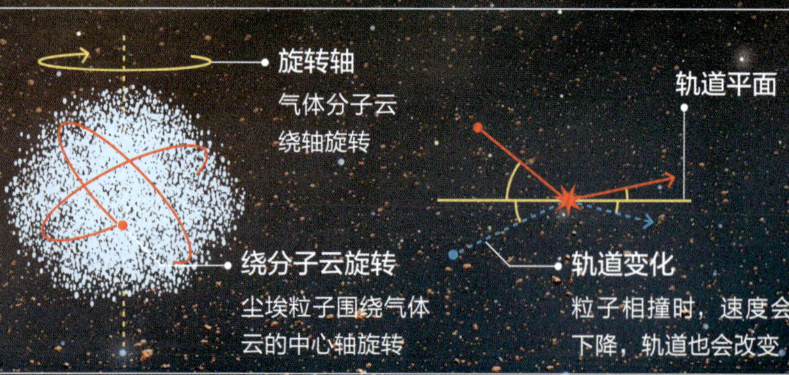

原行星盘

该吸积盘源自一颗年轻的恒星，行星从中诞生。恒星诞生后残留的分子云中所蕴含的气体和尘埃，又相继孕育出了行星系统中的其他天体。这张图模拟了位于约 60 光年外的绘架座 β 的原行星盘。它的行星系统正处于类似太阳系演化的早期阶段。有证据显示，在这个系统内有一颗巨行星以及数颗彗星围绕着其恒星运行。也许，宇宙中正滋生着新的类地行星。

特拉比斯特 –1 行星系统

这个距离地球约 40 光年的行星系统是在 2017 年被发现的。特拉比斯特 –1（TRAPPIST-1）是一颗红矮星，在水星至太阳的距离内，至少有 7 颗行星围绕它运行。这颗恒星的体积很小，有 3 颗行星位于该系统的宜居带内，并且它们的大小与地球相仿。

地外行星世界

这幅艺术渲染图以一颗太阳系外的、被双星系统照亮的行星为主题，采取了从它的卫星望向它的视角。尽管直到 20 世纪末人们才发现太阳系外的第一颗行星，但随着探测技术的进步，已有成千上万颗行星在围绕其恒星运转的轨道中被探测到。

大尺度的宇宙

浩瀚宇宙中，银河系并非形单影只地存在，它是由 40 多个星系组成的本星系群成员之一；而本星系群又是室女超星系团中 100 多个星系团之一。不仅如此，在整个宇宙中还遍布着数百万个这样的超星系团。

左图：室女超星系团中心区域

已知宇宙中的银河系

随着人类对宇宙的探索，银河系的真实位置已从我们曾经认为的宇宙中心，越来越向边缘靠近。在这张可观测宇宙的地图中可看出，银河系只是镶嵌在宇宙茫茫星系网中的太仓一粟。

宇宙中可观测的星系数目达 1 万亿以上。从数亿光年范围内的大尺度上看，宇宙中的星系和普通物质呈现出均匀分布的特性；然而，在小尺度下观察，这些星系聚集成星系团和超星系团，散布在低密度的气体纤维状结构相互交会的节点上。

星系群 、星系团和超星系团

星系在巨大引力的驱使下，相互簇拥，逐渐形成结构不同的星系团。这些星系团里的星系数量少则几十个，多则上千个。银河系所在的本星系群属于前者，是一个小型星系团。本星系群中的星系会在宇宙空间中汇聚成一个直径约为 1 000 万光年的球体，所有成员星系都围绕同一个大质量中心运动。广袤无际的星际空间中，并非空无一物，而是充斥着来自星系群里一个个星系分离出来的炽热气体。这些气体可以逃离一个星系团的引力场，被吸引到另一个星系团。星系团同样可以围绕其他超大质量的星系团运行，久而久之构成超星系团，并形成一个三维的纤维状结构。我们所在的本星系群是室女超星系团的一部分，其内部有一个超大质量中心：室女星系团。

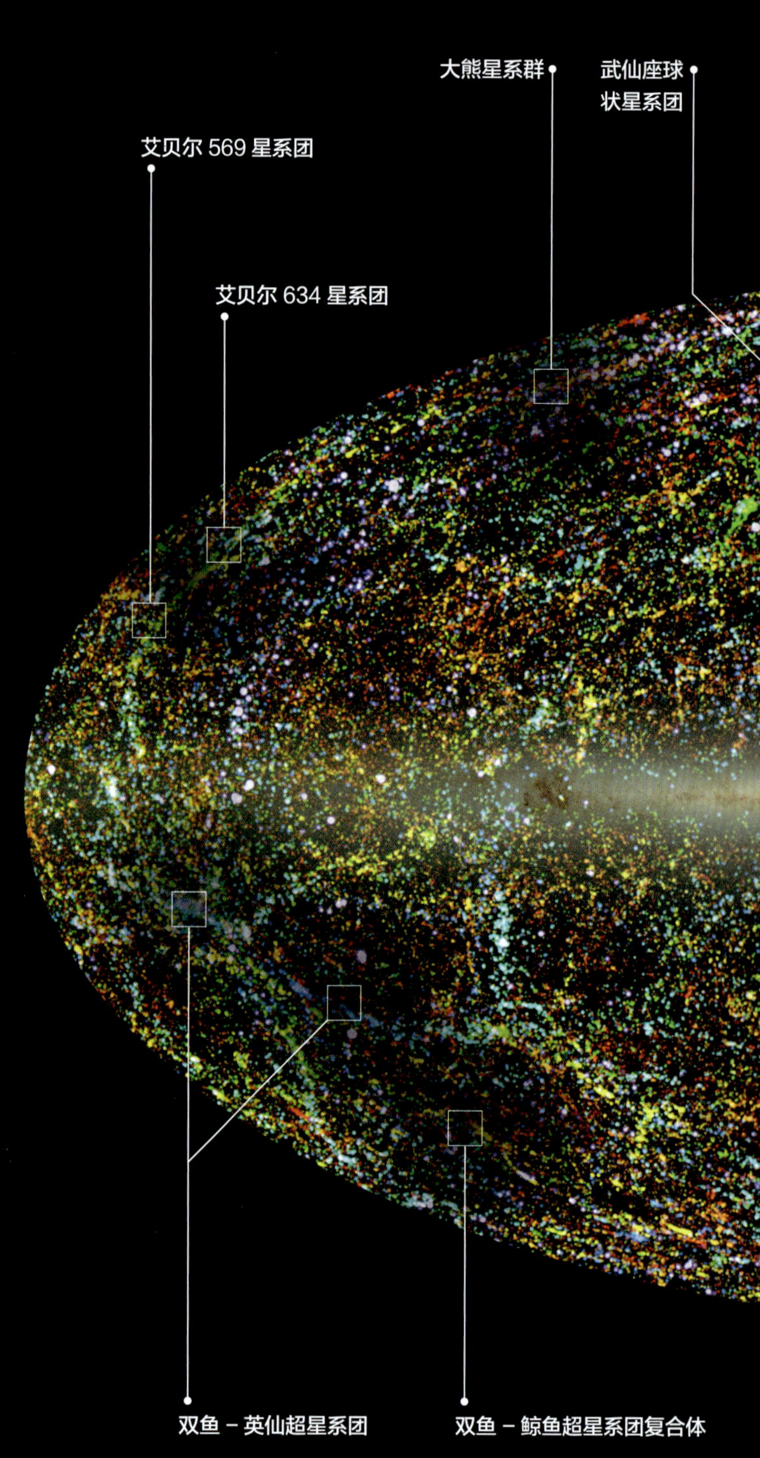

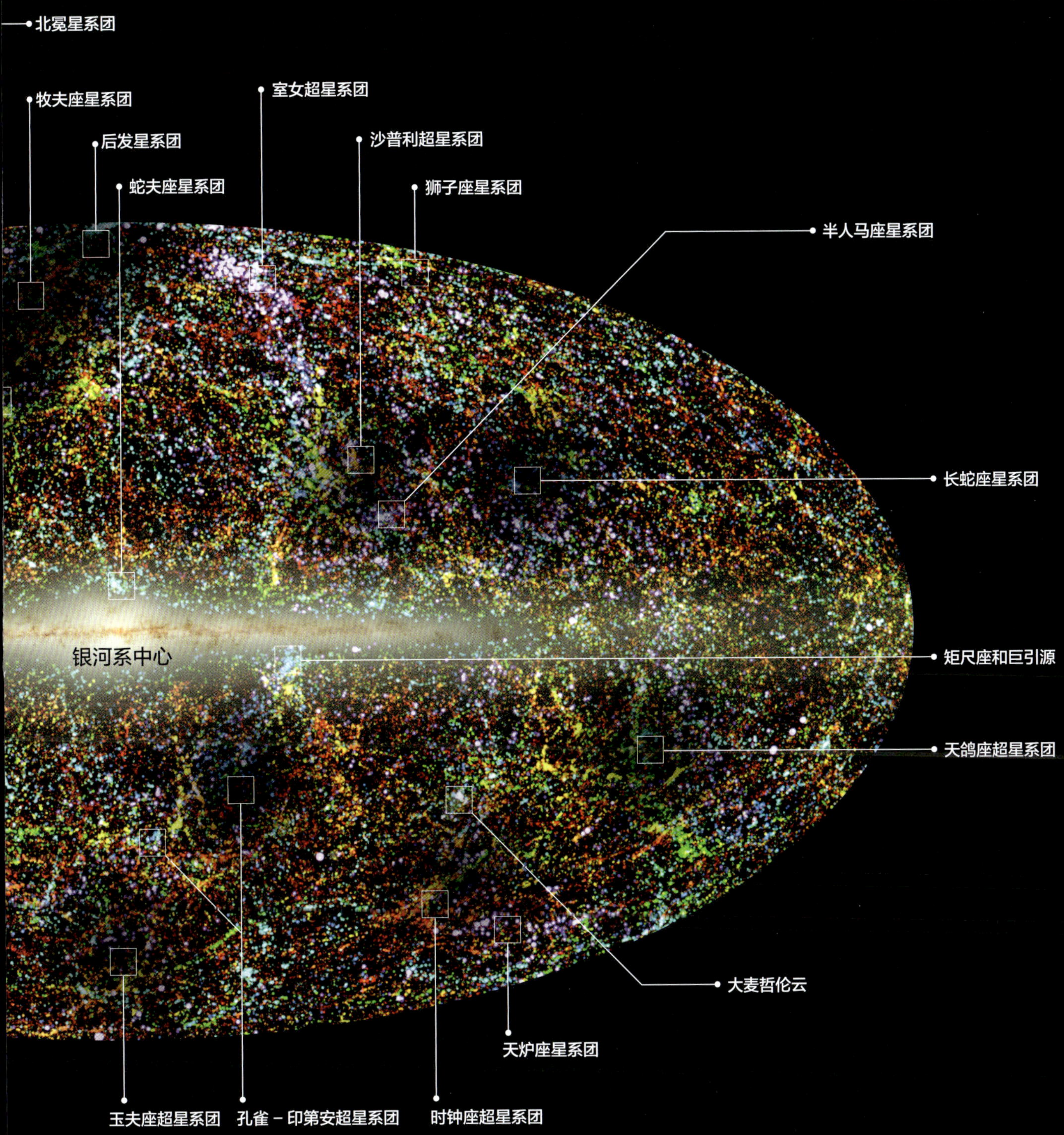

北冕星系团
牧夫座星系团
室女超星系团
后发星系团
沙普利超星系团
蛇夫座星系团
狮子座星系团
半人马座星系团
长蛇座星系团
银河系中心
矩尺座和巨引源
天鸽座超星系团
大麦哲伦云
天炉座星系团
玉夫座超星系团
孔雀－印第安超星系团
时钟座超星系团

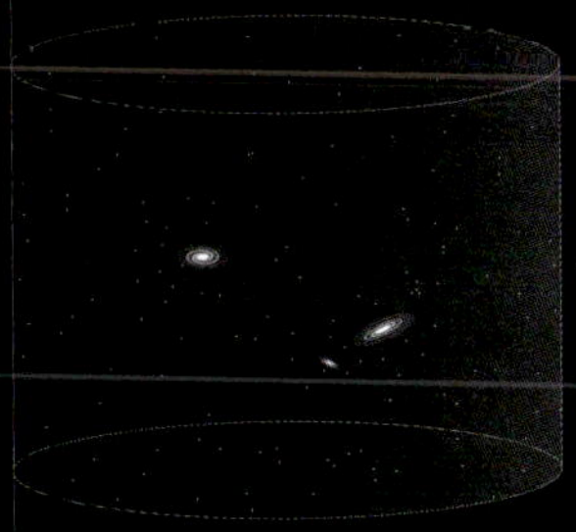

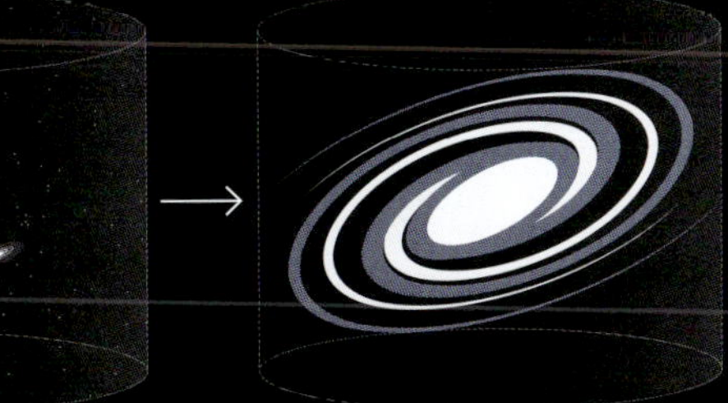

本星系群 1000 万光年

银河系 10 万光年

地球眼中的天空

这是从地球视角看到的天球摄影图，以银河系的盘面为参照，揭示了宇宙中的大结构天体。红色区域表示星系之间的距离很大；蓝色区域代表了星系距离紧凑；而绿色区域内的星系间距介于两者之间。

室女超星系团

室女超星系团是一个包括本星系群在内的多个星系群组成的超星系团。下面两幅图显示了这些星系相对银河系盘面的位置以及它们与银河系之间的距离。

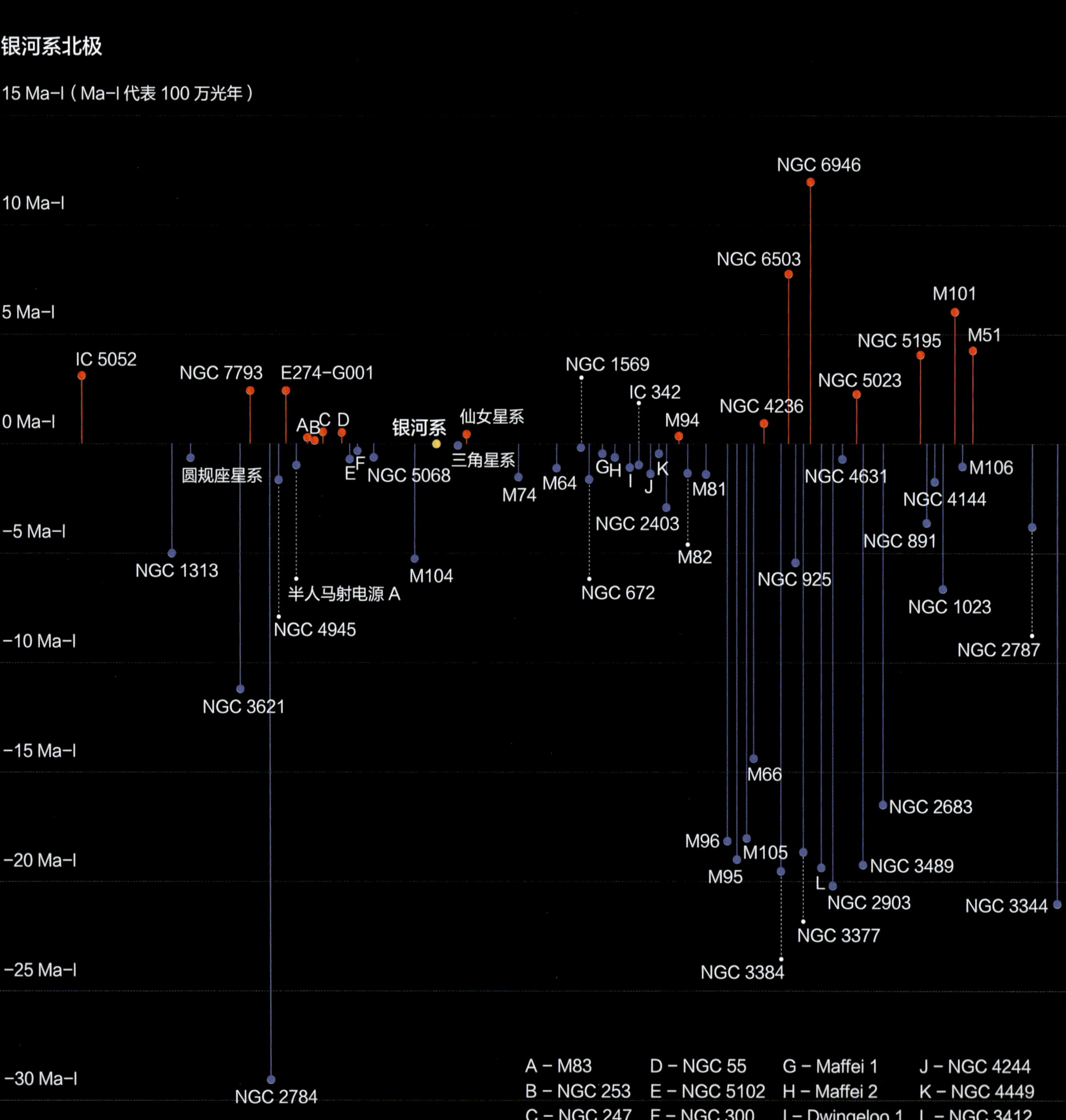

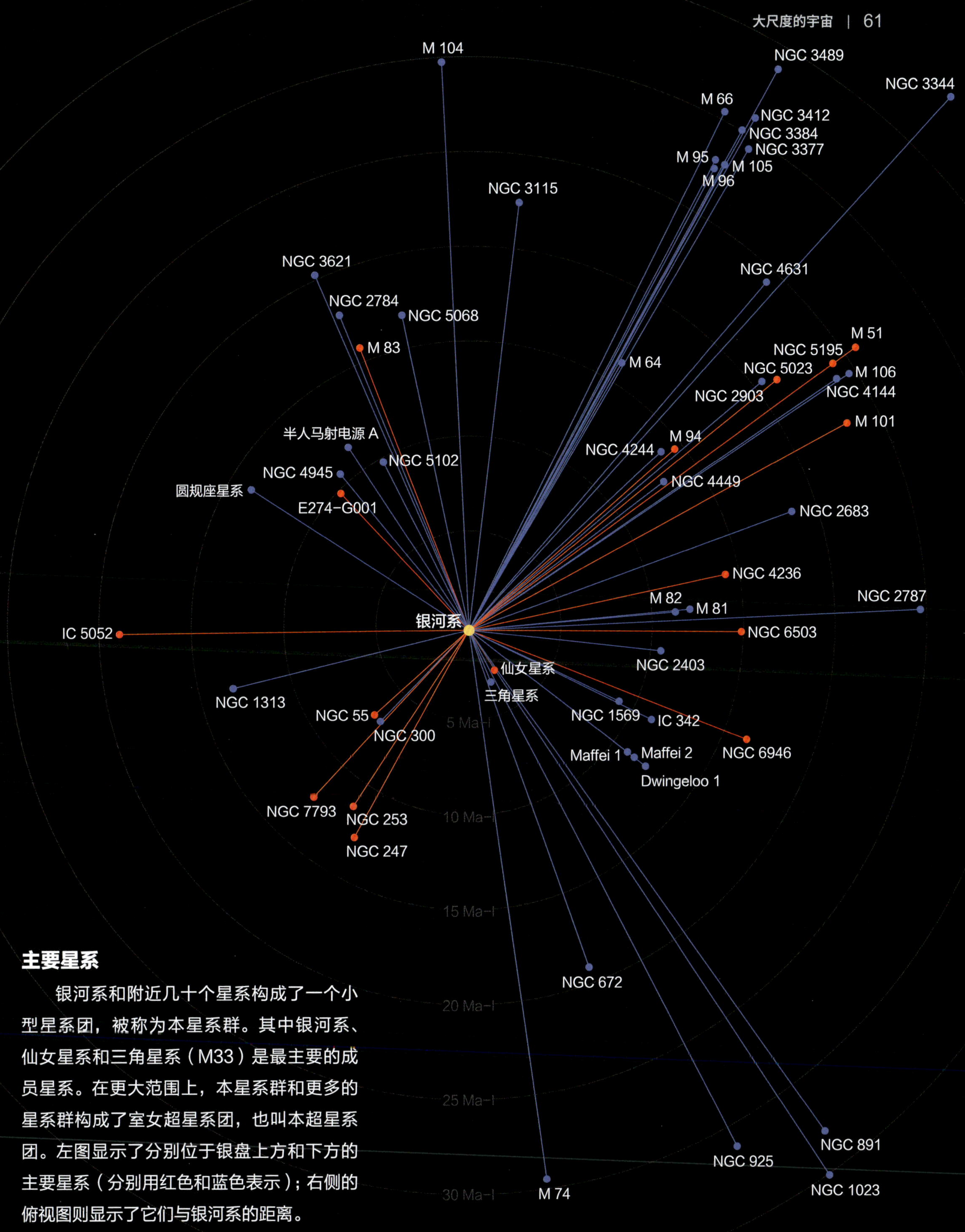

主要星系

银河系和附近几十个星系构成了一个小型星系团，被称为本星系群。其中银河系、仙女星系和三角星系（M33）是最主要的成员星系。在更大范围上，本星系群和更多的星系群构成了室女超星系团，也叫本超星系团。左图显示了分别位于银盘上方和下方的主要星系（分别用红色和蓝色表示）；右侧的俯视图则显示了它们与银河系的距离。

本星系群

本星系群由几十个星系组成，银河系是其中第二大星系。其成员星系大多数直接受到较大星系或整个星系群的影响。

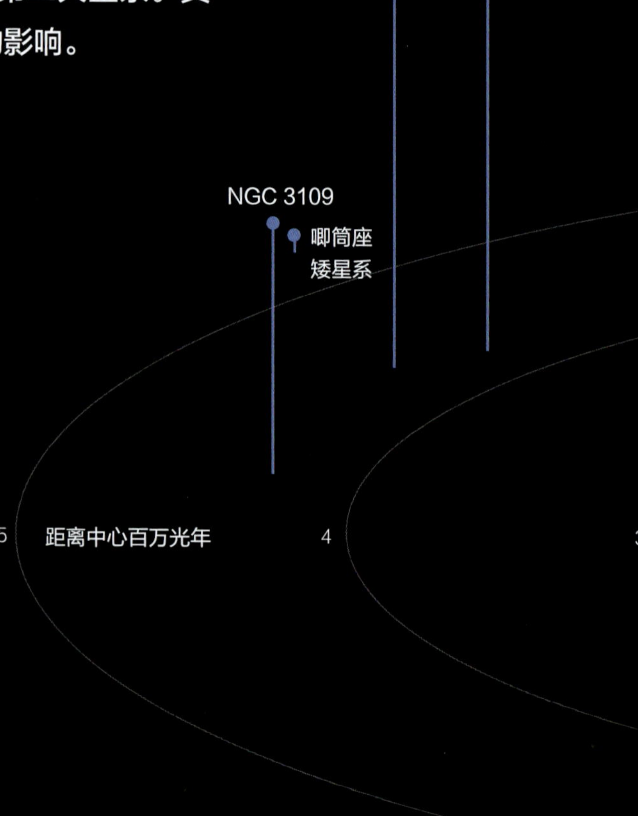

本星系群位于室女超星系团的末端，其中最主要的三个旋涡星系分别是仙女星系、银河系和三角星系。除三角星系受到仙女星系引力作用的直接影响外，本星系群中的其他所有星系，从矮椭圆星系到不规则星系，都围绕这些主星系运行。

银河系近邻

大犬座矮星系被认为是最接近我们银河系的星系，但基于一些信息来源，它实际是曾被银河系蚕食的一个矮星系的残骸。因此，距离地球约 7 万光年的人马矮椭圆星系或许会“坐上第一把交椅”，成为距离银河系最近的星系。尽管如此，在银河系的邻居中，最著名的是麦哲伦云，它们耀眼夺目，只能在南半球的天空看到。银河系凭借对其他星系施加巨大引力作用，从它们中猎取星际介质。星系吞噬，大鱼吃小鱼的现象必将是整个本星系群的最终命运。40 亿年后，当银河系和仙女星系开始融合并逐渐形成一个巨大的椭圆星系时，新的星系将犯下“不可饶恕的”罪行，将本星系群的其他成员星系“席卷而空”。

拉尼亚凯亚超星系团

2014 年，一些天文学家将室女超星系团定义为一个被称为“拉尼亚凯亚”（夏威夷语，意为无量天堂）的巨大超星系团的一部分。然而，这个新发现的超星系团或许是一个尚未被定义的更大结构的一部分。右图显示了星系聚集成纤维状，将可观测宇宙织入一张更大的网络结构中。

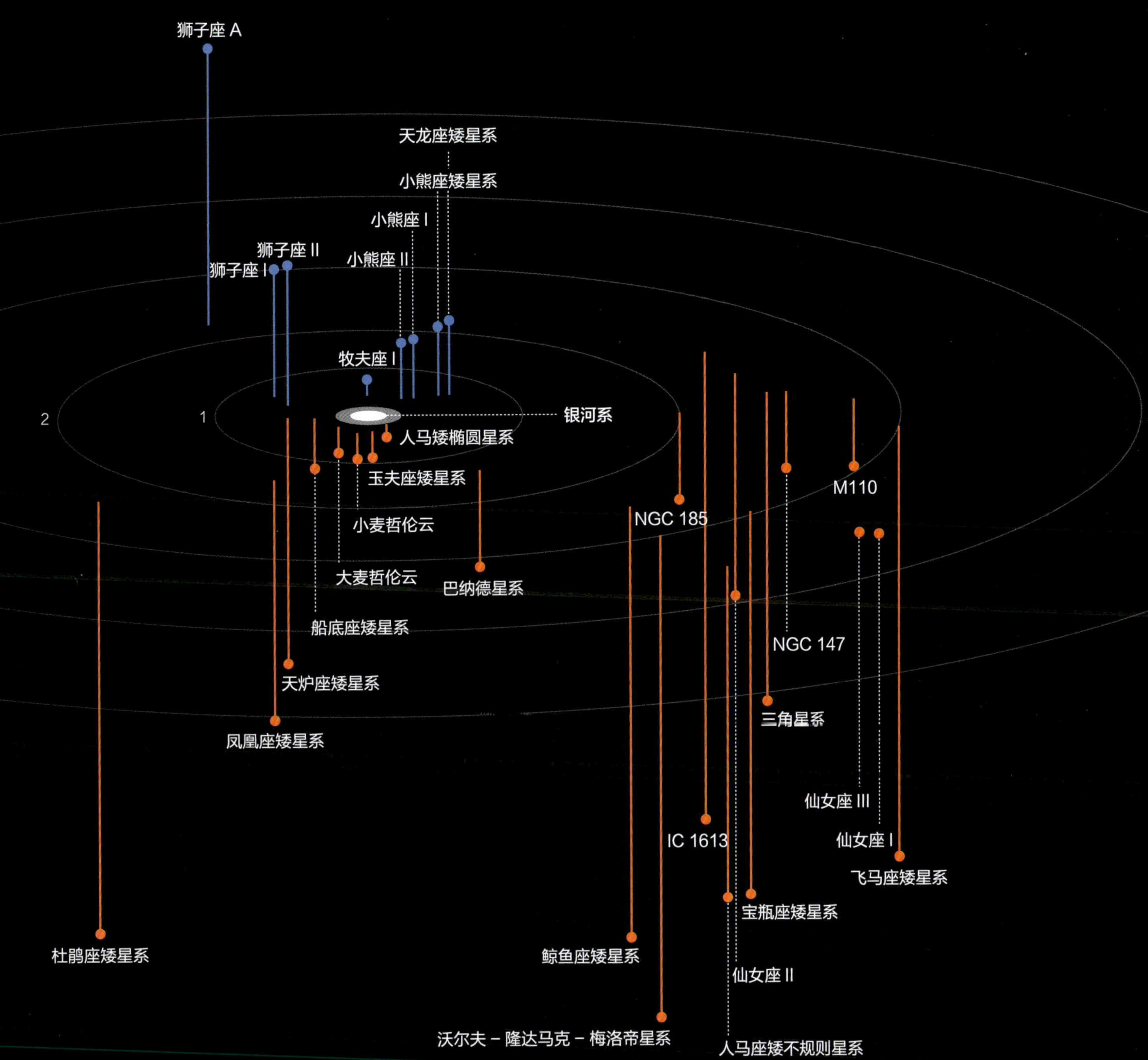

本星系群分布图

这张图显示了本星系群与银河系之间的位置关系，蓝色代表位于银河系平面上方的星系，红色表示位于银河系平面下方的星系。

麦哲伦云

麦哲伦云是银河系附近的两个矮星系。因为距离彼此很近，无论是麦哲伦云还是银河系，都在引力相互作用下发生扭曲形变。

在理想的观测条件下，我们可以用肉眼在南天极附近观察到麦哲伦云。大的叫大麦哲伦云，小的叫小麦哲伦云。几十年来，关于麦哲伦云是否围绕银河系旋转的探讨从未间断，尽管也有迹象显示小麦哲伦云在围绕大麦哲伦云运行。麦哲伦云极快的视向速度（即沿观察者视线方向的速度）表明它们正在靠近我们的银河系，并在银河系强大的引力作用下严重扭曲。科学家们尚不确定其质量，据推测那里含有大量的暗物质。

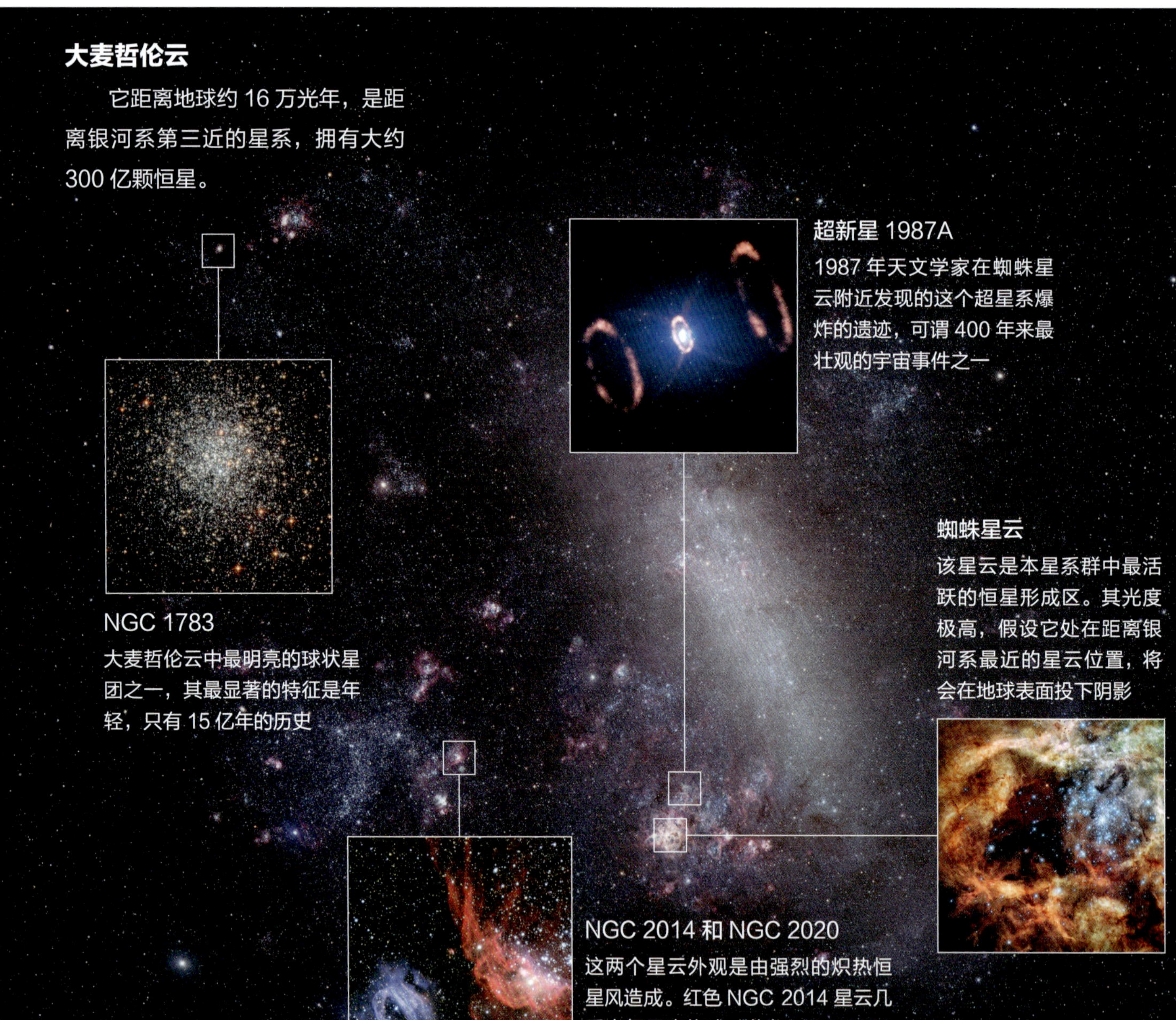

气体云

麦哲伦云，尤其是大麦哲伦云，是高产的“恒星工厂”，大量星团和星云的存在就能证明这一点。同时也能说明麦哲伦云是不久前才开始受到银河系的引力作用的，否则它们中的大部分甚至全部气体如今都已经流失。

麦哲伦流

科学家们在麦哲伦云和银河系之间发现了一股气体流，其中大部分是 20 亿年前从小麦哲伦云中流失的。在这张结合了射电波和可见光的图像中，该气体流显示为粉红色

小麦哲伦云

小麦哲伦云距离地球大约 20 万光年。据估计它包含几十亿颗恒星。

NGC 290

该疏散星团横跨 65 光年，拥有几百颗年轻的恒星。疏散星团拥有的蓝星比例高于球状星团

NGC 346

NGC 602

这个年轻的疏散星团发出的辐射和冲击波强烈推动 N90 星云的外围气体和尘

3
6

银河系的近邻

1. 仙女星系

该旋涡星系距离地球约 250 万光年，是本星系群中最大最明亮的成员。仙女星系和银河系正以 300 千米 / 秒的速度靠近。这表明 70 亿年后，两个星系将无可避免地走向终极并合，从而形成一个巨椭圆星系。

2. NGC 3109

NGC 3109 虽然呈现一定的棒旋结构，却是一个不规则矮星系，距离地球约 420 万光年，位于本星系群的外围。然而它向外迁移的速度似乎高于天文学家的估算，这使得其本星系群成员身份遭到质疑。

3. IC 10

隶属于本星系群的一个矮星系，距离我们大约 180 万光年，在特征和尺寸上与小麦哲伦云十分相似，但相比后者，它是更为活跃的恒星形成区域。

4. 巴纳德星系

巴纳德星系是一个不规则星系，距离地球约 160 万光年，是本星系群成员之一。其结构和小麦哲伦云相似，但因靠近银河系平面，研究起来比较困难。

5. M32

仙女星系的伴星系 M32 是一个矮椭圆星系，位于约 265 万光年以外，其外侧恒星受“巨人邻居”——仙女星系的强大引力束缚。

6. 沃尔夫 – 隆达马克 – 梅洛帝星系

它是一个不规则的星系，距离我们约有 300 万光年，也是一个孤独的星系，位于本星系群的边缘。它的形状相当细长，比该星系群中的其他矮星系大。

7. 三角星系

三角星系是本星系群中的第三大星系，仅次于仙女星系和银河系，也是一个旋涡星系。三角星系包含的恒星数量与仙女星系和银河系相去甚远。此外，科学家认为，它可能受到仙女星系的引力束缚。

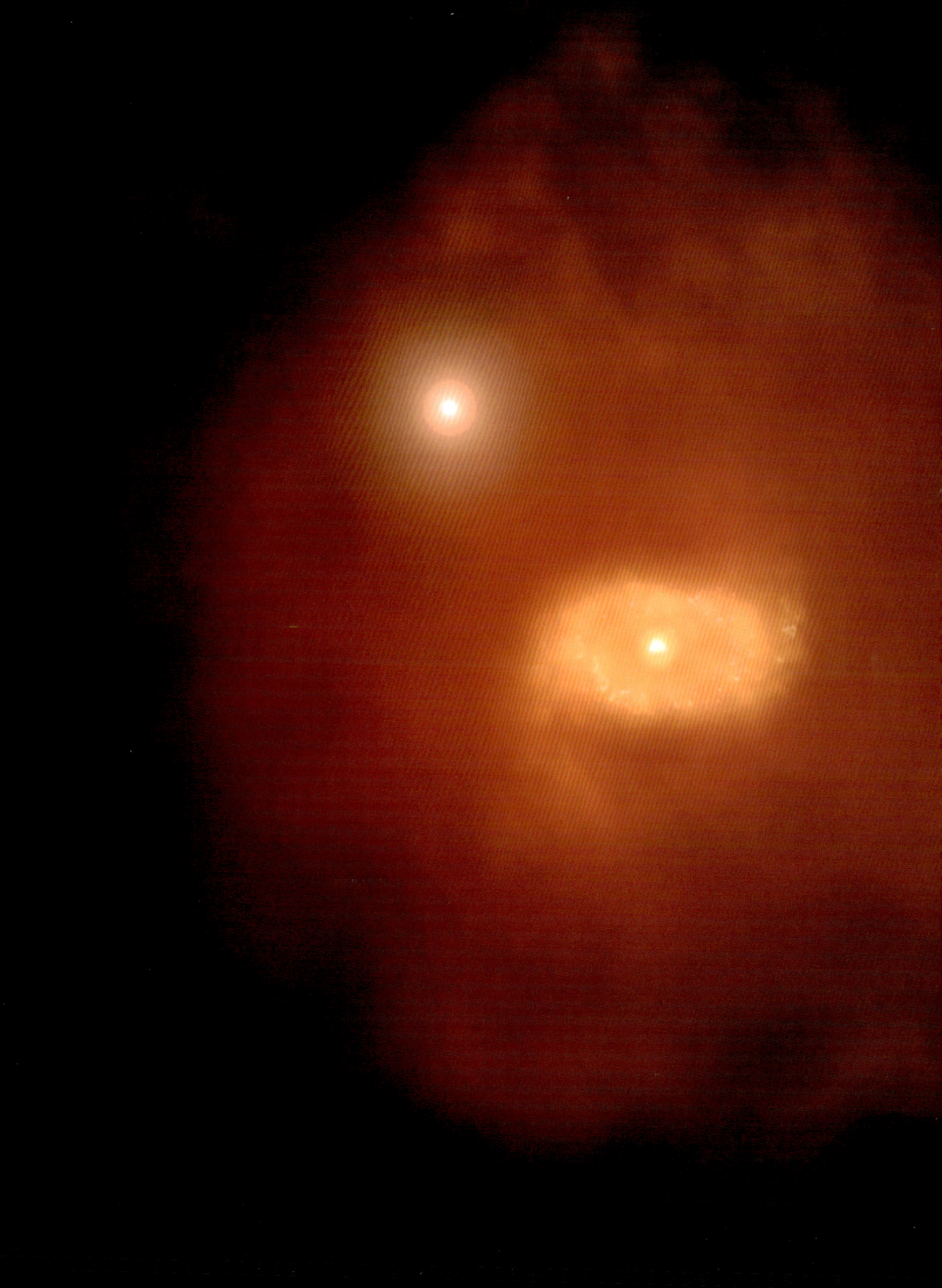

银河系的
演化和未来

银河系的起源可追溯到宇宙形成初期，从那时起，银河系就在不断地吞噬其他星系和吸取自身银晕气体中壮大自身。各项研究表明，银河系终将与仙女星系相撞，并融合成一个更大的星系。

左图：图中模拟的是早期银河系的活动

银河系的宇宙史

银河系曾经历过一段生机勃勃的恒星诞生期，而如今似乎已步入平稳阶段。科学家通过观察和研究其他相似星系在不同宇宙时期的演化，可成功还原银河系的生命轨迹。

星系间的相互作用在星系形态的形成中扮演了至关重要的角色。在很多情况下，星系结构是由小型星系相继并合而成的。我们的银河系也是如此。目前，它正一边吞噬着大犬座矮星系和人马矮椭圆星系，一边贪婪地吸收麦哲伦云中的“物质大餐”。星系间的融合在银河系演化初期，即第一代恒星诞生时期，似乎更为频繁。数十亿年后，这些并合星系的质量变得足够大，从而开始快速地旋转，并逐渐形成了一个扁平的盘面。从此，后续的世代恒星在这里生成，其中包括我们的太阳。

宝刀未老

银河系虽然古老，却依然在孕育新星。近年来，银河系中发现了数个年轻星团，它们是银河系新星诞生的有力证明。这些大质量星团由总质量超太阳系 10 000 倍的年轻恒星构成，代表着恒星形成的剧烈程度。科学家认为银河系里有大约 100 个这样的星团，这个数量可与其他类似星系比肩。

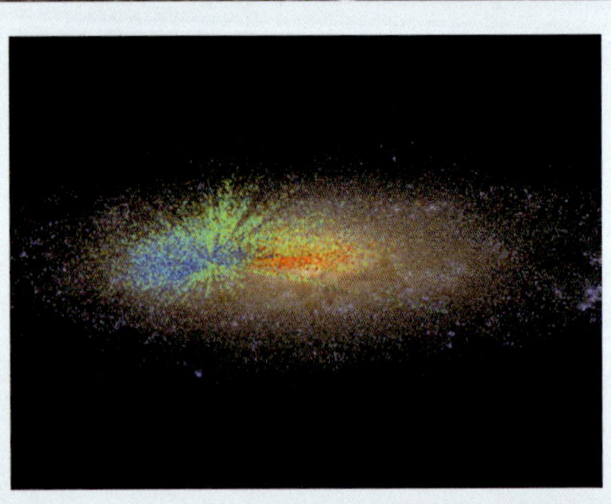

恒星年龄

这张图片呈现了银河系中心区域方圆 5 万光年空间范围内红巨星的分布情况。如图所示，红色部分表示老年恒星，它们大约有 120 亿年的历史；绿色和蓝色部分分别表示中年恒星和年轻恒星。老年恒星聚集在银核中，而年轻恒星则位于银盘，这一现象证实了银河系是由内向外扩张而形成的。

巅峰时期

这是一张艺术想象图，重现了100 亿年前从一颗虚构的行星上观察的银河系景象，当时恒星的诞生达到了最高峰，产星率是现在的 30 倍。

星系的不同时期

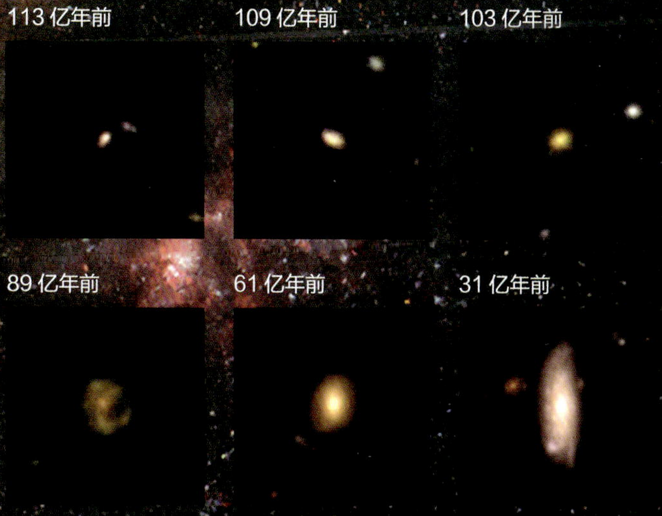

113 亿年前
109 亿年前
103 亿年前
89 亿年前
61 亿年前
31 亿年前

我们通过观察不同距离、不同宇宙时期的几个星系来重现一个星系的演化。较为年轻的星系（上方）特征是具有明显的恒星形成活动；而较为成熟的星系（下方）则具有旋涡状的结构，这种结构伴随着星系演化而不断进化。

银河系的暗物质

暗物质是指不与电磁力产生作用，因而无法被观测到的一种假想物质。它无处不在，充斥整个宇宙。暗物质也是银河系的重要组成部分。

据最新的估算，宇宙中暗物质的含量约为普通物质的 5 倍。前不久，科学家们甚至认为暗物质在银河系中占据的比例更高。然而种种迹象揭示银晕中的气体含量远远超出预期，因此银河系中暗物质的比例也许也只是近于宇宙的平均水平。

是暗物质在捣乱?

天文学家提出宇宙中可能存在一种不可检测的物质，通过这一假说试图来解释某些费解的宇宙现象。这些现象可能由大量物质导致，而这种物质只有当其对普通物质产生引力效应时，才能被我们感知到。所述现象中包括恒星速度的变化、星系团附近出现的时空曲率等。值得注意的是，针对这些特定现象的观察和研究尚处于起步阶段，暗物质仅仅是科学家为诠释它们而推测出来的物质，未来随着科学的发展，也许会有更具信服力的理论被提出来。

异常值

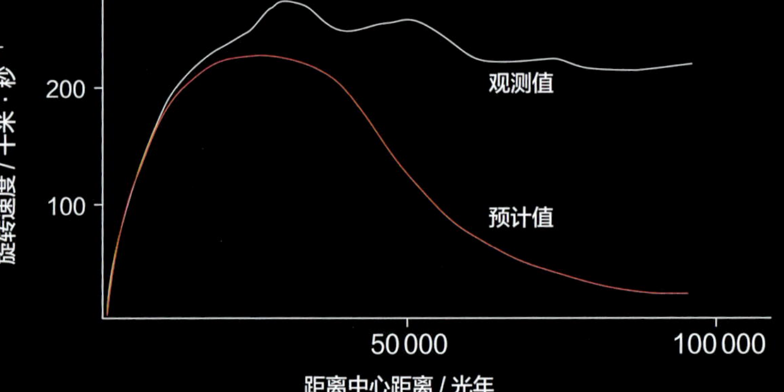

根据旋涡星系中观测的可见物质数量，恒星绕星系中心旋转的速度会随着它与星系中心距离的增加而减慢，这个数值在图中用预计值来表示。然而实际观测值并非如此，它们的公转速度几乎相同。天文学家认为，这一现象也许可以用暗物质的存在来解释。

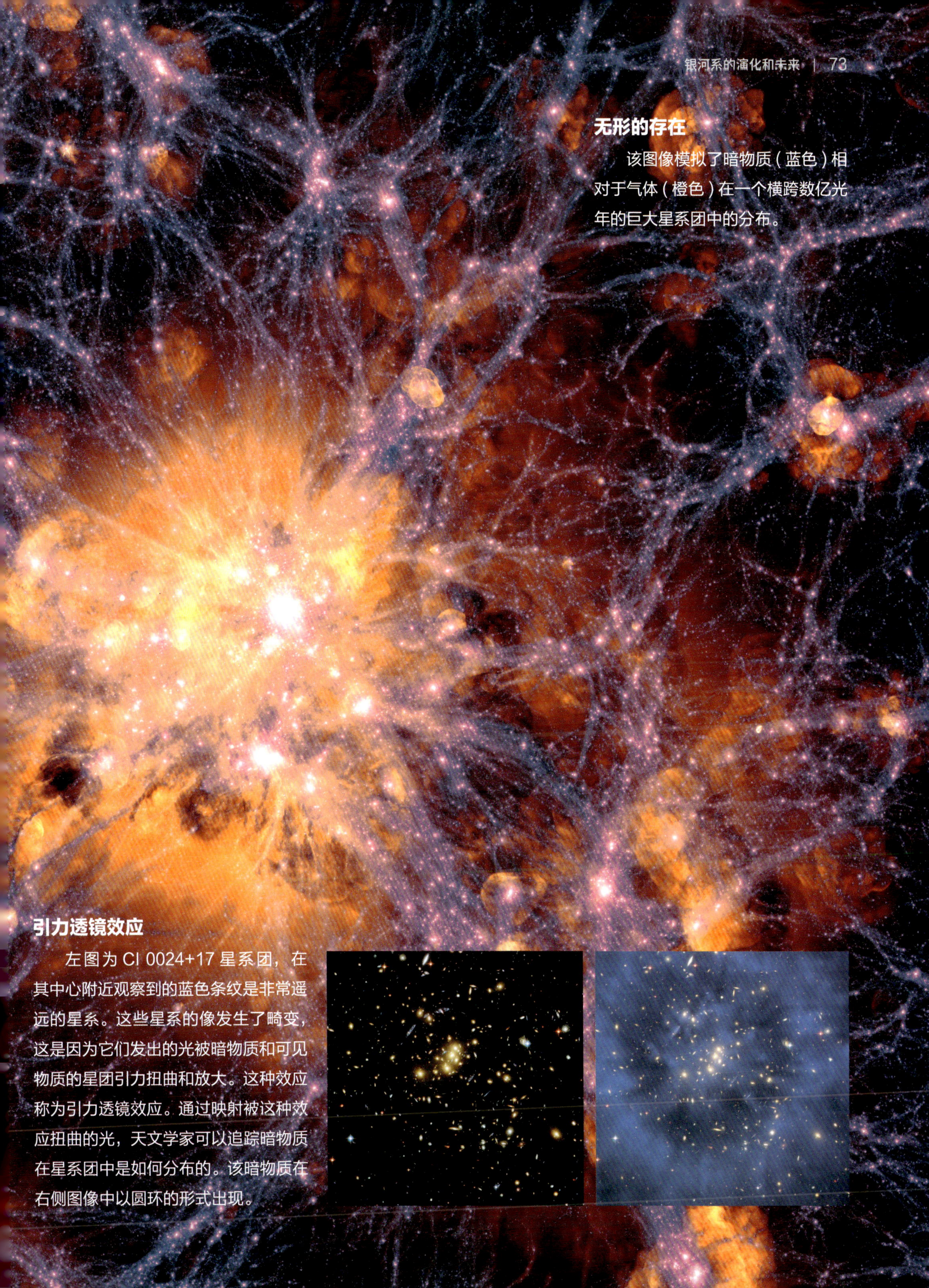

无形的存在

该图像模拟了暗物质（蓝色）相对于气体（橙色）在一个横跨数亿光年的巨大星系团中的分布。

引力透镜效应

左图为 Cl 0024+17 星系团，在其中心附近观察到的蓝色条纹是非常遥远的星系。这些星系的像发生了畸变，这是因为它们发出的光被暗物质和可见物质的星团引力扭曲和放大。这种效应称为引力透镜效应。通过映射被这种效应扭曲的光，天文学家可以追踪暗物质在星系团中是如何分布的。该暗物质在右侧图像中以圆环的形式出现。

与仙女星系的碰撞

通过观察不同星系在各个阶段的演化过程，我们得知银河系是一个复杂多变的星系，并且它最终会与最大的邻居——仙女星系并合。

近距星系之间会发生引力交互作用，导致了星系形状的扭曲甚至其气体和尘埃的彼此交换。两个星系近距离交会时，往往会穿过对方，从而发生星系间的碰撞。在碰撞过程中，星系间恒星迎面相撞的可能性极小，其星际尘埃会相互作用从而引发新的结构的形成，例如棒状物和环状物。当星系在运动过程中交错而过却没有彼此穿过，它们将会相互融合，并合成一个更大的结构。

与仙女星系的并合

银河系自诞生以来，一直通过与其他星系的融合而不断壮大，尽管这种融合在过去的 10 亿年里并未发生过。目前，银河系通过从麦哲伦云中吸收气体来增大质量。银河系最终将与其巨大的邻居仙女星系平行运行。银河系和仙女星系正以 300 千米 / 秒的速度彼此靠近，预计在 40 亿年后相撞，并在随后的 30 亿年中最终融合成一个新的巨大椭圆星系。

星系并合

星系是由较小星系的并合而形成的。旋涡星系是小星系逐渐并合的结果，而椭圆星系则是大星系并合的产物。

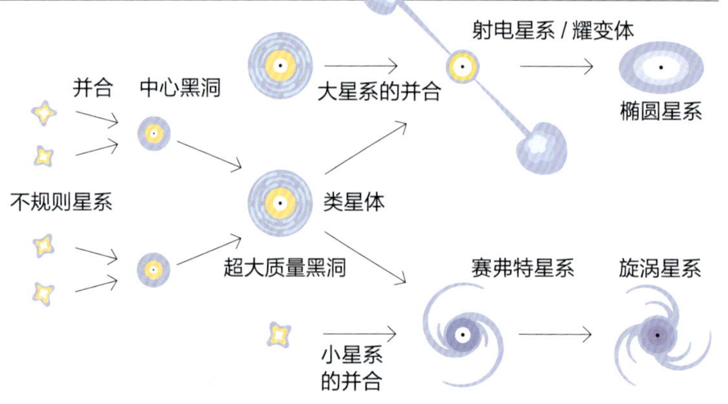

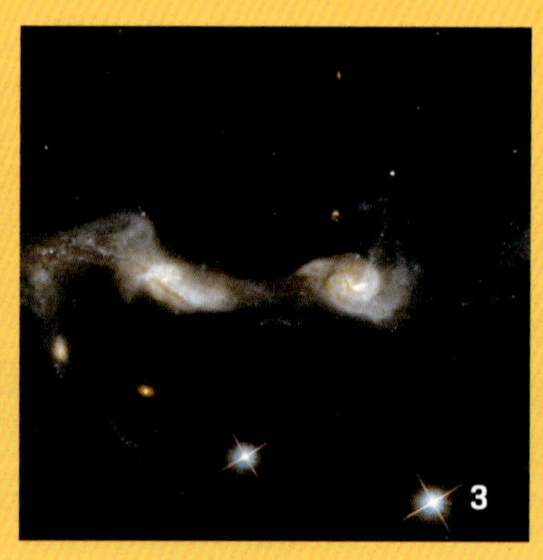

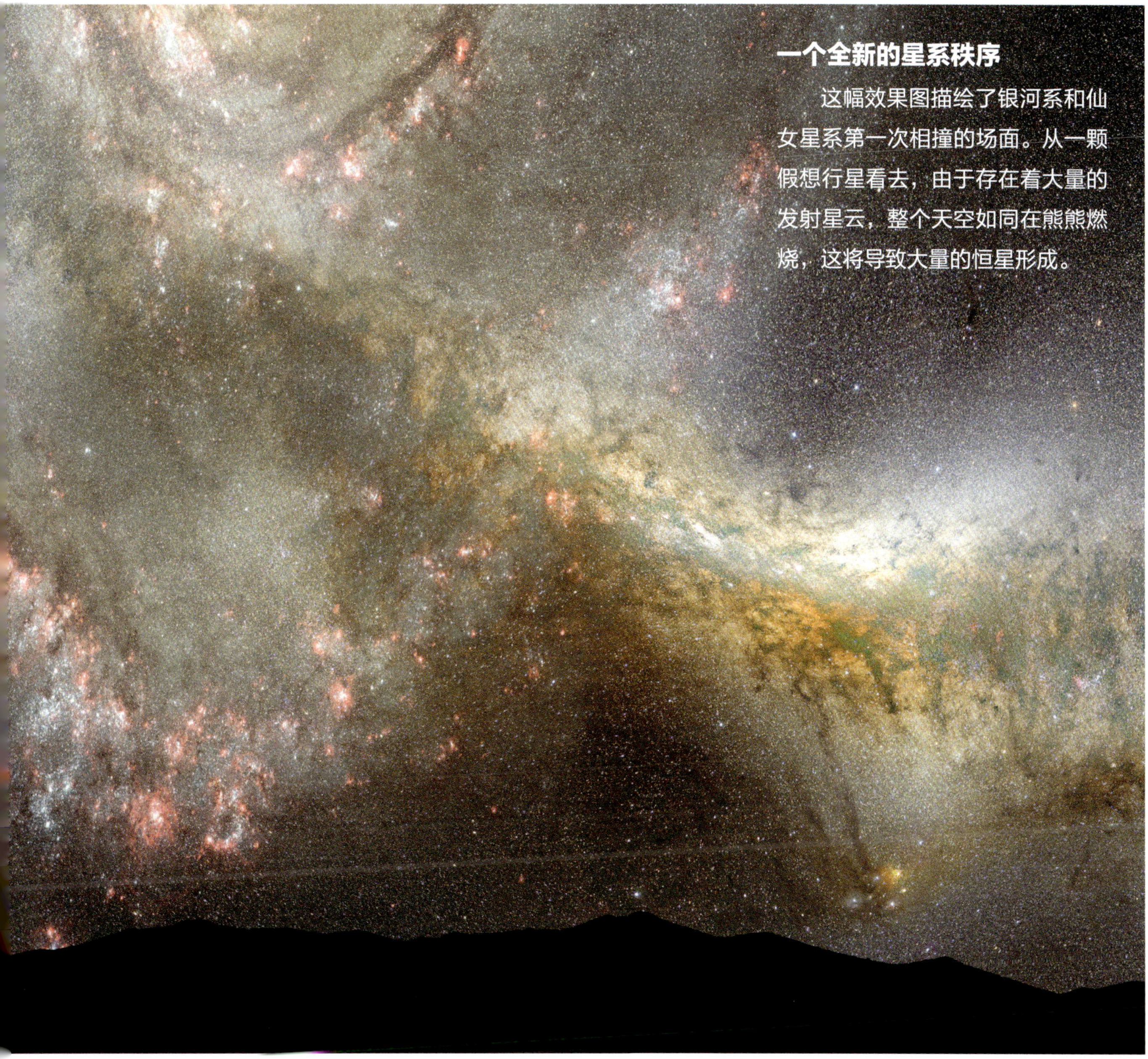

一个全新的星系秩序

这幅效果图描绘了银河系和仙女星系第一次相撞的场面。从一颗假想行星看去，由于存在着大量的发射星云，整个天空如同在熊熊燃烧，这将导致大量的恒星形成。

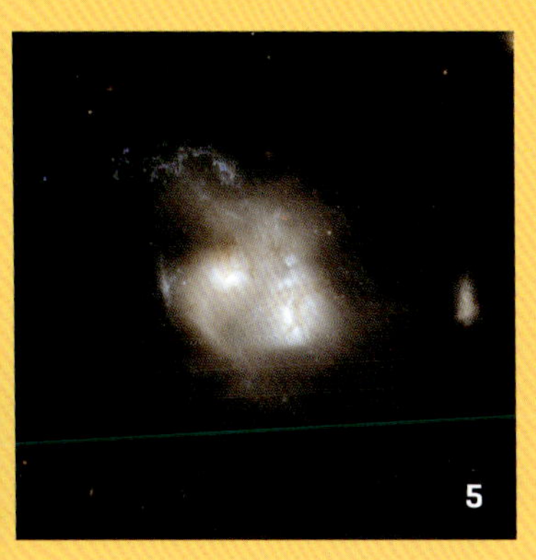

椭圆星系的诞生

根据被人们最广为接受的理论，大型椭圆星系来自旋涡星系的融合。并合的早期迹象之一是星系物质的交换（图 1），这将造成所谓的潮汐尾（图 2），这种现象有时候会一直保持到相互作用结束之后（图 3）。星系核的靠近会造成巨大的扭曲（图 4）并捕获物质流，导致恒星形成的爆发（图 5）。一些星系拥有由剧烈爆发形成的明亮恒星群（图 6）。

瑰丽的银河系神奇又梦幻，让人遐想无限。遨游充满奥秘的银河，人类探索的步伐从未停止。全天天体测量干涉仪（GAIA）任务是当今最壮观的宇宙任务之一，旨在绘制一份最详细的银河系地图。

左图：智利拉西亚天文台观测到的银河景象

先进的制图技术

据最新的数据估算，银河系包含的恒星数目约为 1 000 亿～4 000 亿颗，其中只有不到 1% 的恒星被编录。目前，全天天体测量干涉仪正在致力于编制一份银河系中最精确的太空星表。

欧洲空间局发射的依巴谷天文卫星，于 1989—1993 年完成了最早的银河系系统制图研究。天文学家们根据该卫星收集的信息，编撰了一部囊括 250 万颗恒星的精确星表。欧洲空间局在 2013 年发射了全天天体测量干涉仪来绘制新的星表，该星表已经全面超过了原星表。新星表将涵盖数亿颗恒星及其他天体物质，并记录它们的亮度、位置、距离和运动等信息。然而，银河系中仍然有 99% 的恒星未被编录。

意义深远

全天天体测量干涉仪任务对天体物理学相关的一些关键问题同样具有深远意义，其中包括暗物质研究的进展、恒星距离的精确测量、确定宇宙的膨胀速度以及勘测具有潜在危险性的小行星。

视差法

临近恒星在遥远空间背景的视位置随地球围绕太阳的轨道运动而改变。要确定恒星的位置，可以通过测量 7 月到 1 月期间恒星的视差角。全天天体测量干涉仪就是使用这种方法来计算恒星距离的，其精确度远远高于从地球测量出的结果。

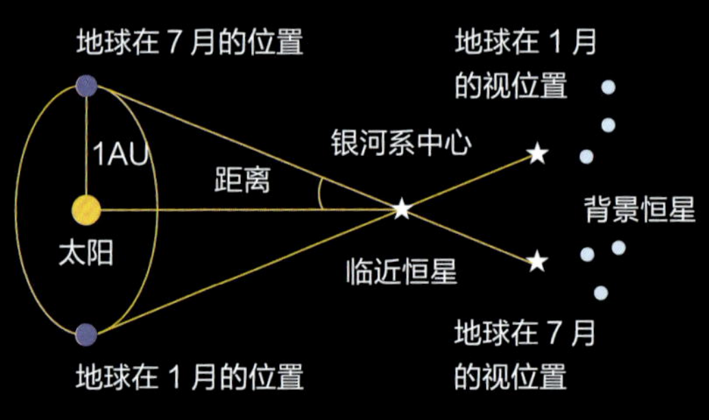

与地球的联系

具备每天向地球传输约 8 个小时的数据的能力

结构

由碳化硅制成，这种材料有效地优化了该结构的轻便性、稳定性和耐用性

稳定性

具有冷气微推进系统，可以非常精确地控制高度

全天天体测量干涉仪的测量范围

从相对短的距离来看，视差法不再可靠。但是，全天天体测量干涉仪也将进行其他类型的远距离观测，包括对超新星的识别，即使在其他星系中也是如此。

在全天天体测量干涉仪之前的任务，可测量的最大恒星距离为 325 光年，精确度达到 10%

银河系中心

全天天体测量干涉仪可以测量到 32 500 光年范围之内的恒星，精确度仍能达到 10%

全天天体测量干涉仪能够测量 65 000 光年之内的恒星运动，精确度为 1 千米 / 秒

太阳

天体测量学里程碑

这张图片是由运行中的全天天体测量干涉仪捕捉到的银河系图像。

望远镜

该仪器的独特之处是包含十个反射镜，这使得它集合了天体测量、光度和光谱分析等多种功能

绝缘层

能够承受 −170℃ ~ 70℃的温度

测量仪器

它配备的光度计具有前所未有的精度，总共约有 10 亿个像素

全天天体测量干涉仪

全天天体测量干涉仪通过分析恒星位置受周围行星引力干扰引起的微小变化，来探测太阳系之外的成千上万颗行星。

银河系的不可见辐射

今天，我们拥有功能强大的天文望远镜，不仅可以用来观测可见光，还能够捕捉到不同频率的电磁波。

1. 伽马射线

这是美国国家航空航天局（NASA）费米伽马射线空间望远镜捕捉的银河系伽马射线图像。当该望远镜识别出所有已知的伽马射线源后，仍有一些不明射线存在，科学家有时候将它们归因于暗物质。

2. 近红外

这张照片显示了在近红外波段观测的银河系图像。在这种情况下，辐射亮度不是来自星际尘埃，而是来自银盘与银核中相对较冷的巨星。

3. 微波

这张照片是根据欧洲空间局普朗克卫星微波数据绘制的最精确的银河系地图之一。在这里，可以看到横跨银道面数十万光年的明亮气体和尘埃带。

4. 远红外

它是频率较低的红外辐射。在该频率下，来自恒星的辐射极少，辐射几乎都来自极冷的尘埃云，它们温度很低，但足以被探测到。

5. 射电波

对可见辐射屏蔽的星际介质在射电波下几乎是透明的，因此我们能够绘制出银河系中由中性氢气组成的冷气体云在射电波段下的辐射分布图。

6. X 射线

借助 NASA 钱德拉 X 射线天文台和欧洲空间局 XMM－牛顿望远镜（XMM-Newton Telescope），我们可获取有关银河系中心的信息，原因是遮蔽银心区域的星云在 X 射线下是透明的。

活力四射的银河系

这张由欧洲空间局普朗克卫星拍摄的银河系全天多频微波图像，显示了气体、带电粒子和各种尘埃的混合辐射。

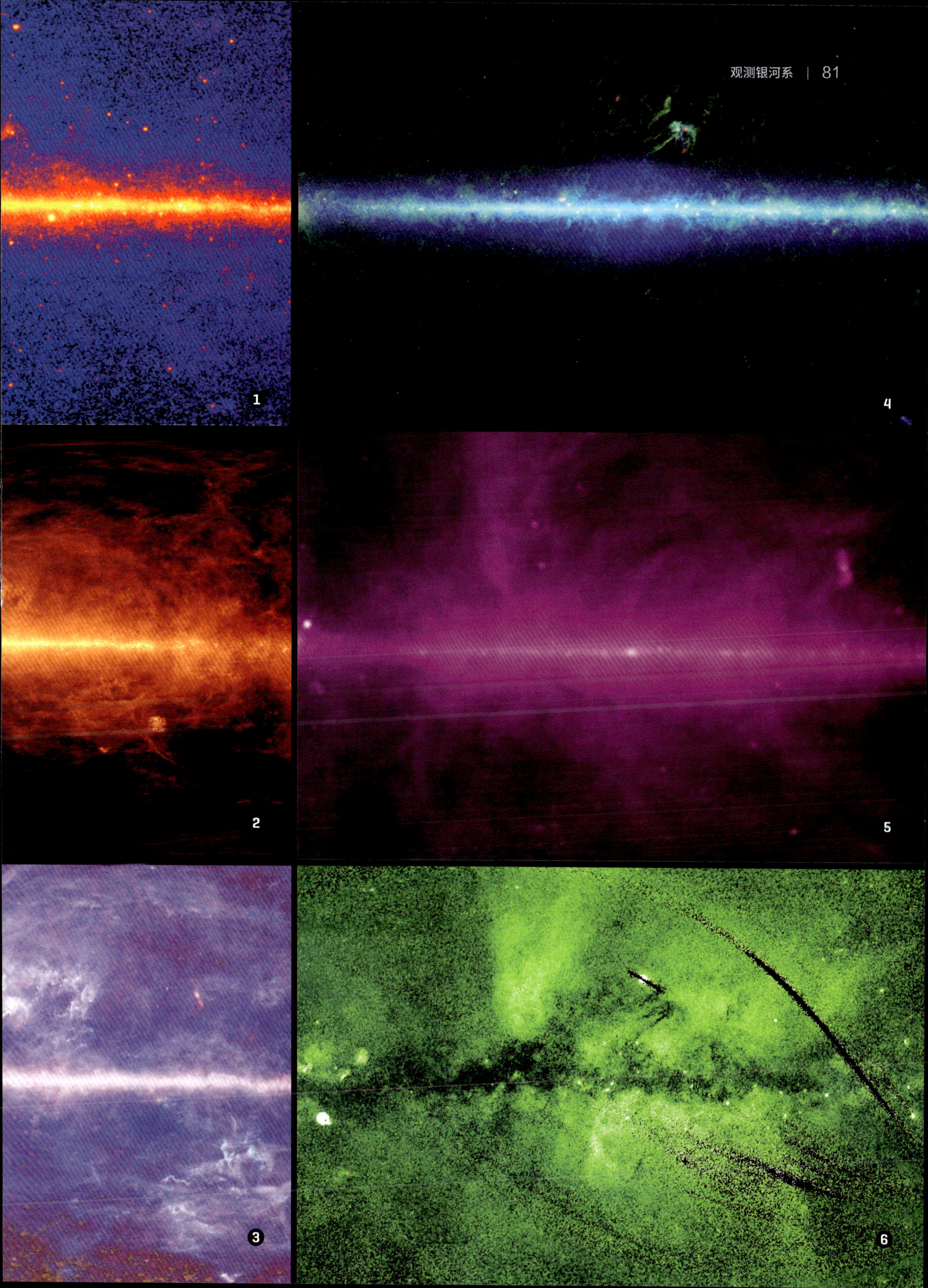
1
2
3
4
5
6

夜空中的银河系

在我们看来，银河系是一条发光带，在相对于赤道平面高度倾斜的平面上将天球分成两半。

有各种各样先进的仪器和方法来识别不同的天体。自古以来，人们最常用的方法之一是星座，即将天穹中的群星通过组合而构成的一些假想图案。星座将整个天球分为不同的区域，现行的 88 个星座的边界大部分都符合 1928—1930 年由国际天文学联合会制定的标准。它们有些源自美索不达米亚文化，而有些则是由希腊人发明

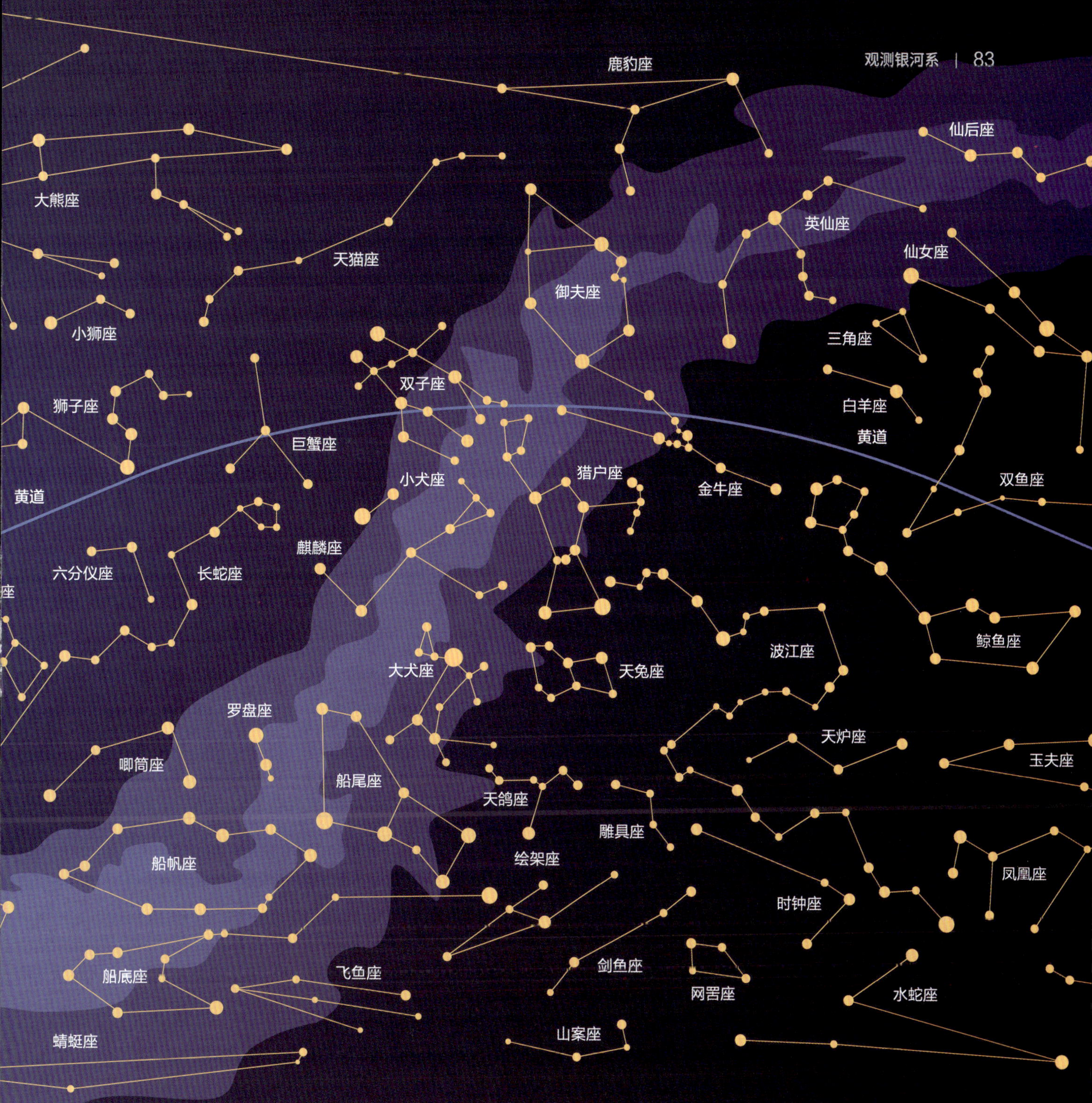

的，但是要确切追溯到每一个星座的起源并非一件容易的事情。

黄道十二宫

最著名的星座是黄道十二宫，它记录了全年中从地球上观测到的太阳的相对位置。由于银道面相对于地球公转轨道平面倾斜，所以银河系会偶尔落在黄道十二宫上。银河系的一端落在金牛座和双子座之间，另一端则落在天蝎座和人马座之间。而银河系中心就位于人马座上。

银河掠影

这幅天球投影图显示了银河系、星座、黄道（即根据地球轨道来标记太阳相对位置的正弦投影线）。两个半天球相对于地球赤道平面以水平对称的方式呈现。

发现邻近星系

直到 20 世纪 20 年代，人们一直认为星云（那些弥散在深邃苍穹中的朦胧天体）是银河系的一部分。然而，对仙女星系和近邻星系中的造父变星的研究，揭示了它们河外星系的本质。

公元 961 年发现的仙女星系是银河系之外第一个被证实观察到的星系。但可以确定的是，史前的人类已经在南半球的天空看到过麦哲伦云。直到 17 世纪，随着天文望远镜发展到足够先进的水平，天文学家才陆续观测到后来的一些星系，它们是从地球上清晰可见的天体。法国天文学家、彗星猎人查尔斯 · 梅西叶（Charles Messier）编制了当时的首批天文目录之一，其中包括 110 个天体（含 30 个星系）。

银河系以外的世界

在 19 世纪，天文望远镜的不断改进促使数千个星系浮出水面，在这之后又历经一个世纪，才得以确认它们是位于银河系以外的天体结构。美国天文学家埃德温·哈勃是对星系研究作出最大贡献的科学家之一，他借助对造父变星的研究，测定了很多星系与银河系间的距离。如页面上的这些仙女星系图像所示，当前的技术水平可根据观察到的波长揭示星系不同方面的性质特征。

可见光

电磁波谱中的不同频率可以揭示星系的不同信息，这一点也适用于仙女星系。根据光谱中可见光部分显示，恒星的亮度似乎由于覆盖在旋臂上的尘埃而变暗

红外线

年轻炽热的恒星加热其周围的尘埃云。在这张红外图像中，尘埃发出的红光揭示了仙女星系的真实结构

变星测距

造父变星是指温度和直径呈规律变化的恒星，温度和直径的变化导致其光度的变化，而脉动周期却保持不变。通过造父变星的脉动周期，可计算出它的绝对光度和距离。

星系的大小

作为本星系群中最大的星系，仙女星系是我们肉眼能看到的最遥远的天体。然而如果与室女 A 星系（M87），尤其是已知最大星系 IC 1101 相比，它的体积显得非常小。这些更大的星系位于星系团中心，周围被较小的星系所环绕。后者源源不断地为较大星系提供“食物供给”，从而不断地丢失自身的质量。

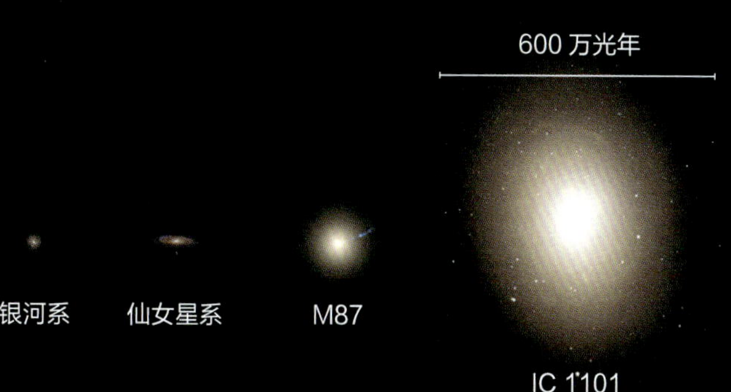

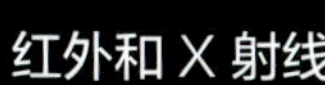

红外和 X 射线

这张图片结合了远红外和 X 射线的观测数据。红外波段显示的是形成新恒星的气层（红色部分），而 X 射线显示的则是集中在星系核球和银晕中较老的恒星（蓝色部分）

紫外线

这张仙女星系的图片显示了位于其中的年轻炽热的恒星以及密集的恒星群

草帽星系

查尔斯·梅西叶在 19 世纪末发现草帽星系（M104），不久后便将它收录在梅西叶星表中，并描述它为一个非常暗淡的星云。今天借助哈勃空间望远镜，我们观察到该星系拥有巨大明亮的核心以及萦绕其四周的暗尘带，整体看去正如它的名字一样，形似一顶草帽。

术语解释

C

超新星爆发 大质量恒星演化结束时发生的天文现象。尽管可能有不同的机制导致这种现象，但总的来说，这是一种能量极高的现象,可以摧毁恒星的全部或大部分物质。超新星爆发之后，可能留下一个由中子组成的致密核（中子星），或者，如果核区质量足够大，也可以演变成一个黑洞。

D

大爆炸 一种宇宙起源论。大爆炸宇宙论认为，宇宙是由一个致密炽热的奇点于大约 138 亿年前一次大爆炸后快速膨胀形成的。在爆炸后最初的几分钟内，宇宙经历了对其当前形态和外观至关重要的所有阶段。

电磁波谱 电磁辐射的整个频率范围。从波长最短（小于原子大小）的伽马辐射到波长最长（大约 10 万千米）的频率极低的射电波段。可见光谱，即人眼可感知的光谱，波段范围在 390~ 770 纳米。

多普勒效应 由于辐射源靠近或远离观察者所引起的辐射波长和频率的变化。就声音而言，最常见的例子是救护车的警笛声：当救护车驶向我们时，声音频率增加（即音调变高）；当它从身旁驶过时，频率和音源本身一致（音调相同）；当它驶向远处时，频率就会降低（音调变低）。在天文学中，应用于电磁辐射的多普勒效应为我们分析遥远物体（例如其他恒星和星系）的运动提供了很大帮助。

F

分子云 是星际云的一种，它的密度和温度允许氢分子（H_2）形成。分子云内部是气体和尘埃更为密集的区域，当引力足够大时，可触发恒星的生成。

G

伽马射线 电磁波谱中具有最高能量辐射的部分。这种辐射能够使其他原子电离，从而触发生物体的突变。宇宙射线与地球大气的碰撞是伽马射线的自然来源。

光年 光行进一年的距离，约 9.46 万亿千米。它是天文学中距离的标准度量之一，用于指示比我们在太阳系中发现的距离更大的距离。它与秒差距一样（相当于 3.26 光年），是最常用的度量单位之一。

轨道周期 一个物体绕其轨道运行一周所花费的时间。它适用于绕太阳公转的行星、小行星、行星周围的卫星、绕其他恒星公转的行星以及处于多星系统（由多个恒星组成）的恒星本身。

H

核聚变 几个原子核结合形成一个新原子核的过程。这是一个既可以释放能量又可以吸收能量的过程，是恒星产生能量的基础。最简单的核聚变发生在恒星演化的大部分过程中，即氢聚变生成氦。

黑洞 由致密的天体产生的具有强烈引力作用的空间区域，任何物质无法从其内部逃逸。尽管不可见，但黑洞的存在可以通过它对其他物质的影响或通过其附近的可见光推断出来。

恒星 恒星是一个发光的巨大等离子球体，它可以通过自身的引力维持形状。据估计，银河系中约有 1 000 亿 ~ 4 000 亿颗恒星，离地球最近的恒星是太阳。一颗成年恒星内部会不停地发生氢核聚变，因此恒星在生命的大部分时间内都会发光。

红外线 电磁辐射的一种类型，其波长大于可见光，肉眼无法看到。这种电磁辐射是威廉·赫歇尔（William Herschel）在 1800 年发现的。从太阳到达地球的能量中，有接近一半是以红外辐射形式存在的。

红移 这是电磁辐射（如可见光）波长增加的现象。每当发射源离开观察者时就会发生这种情况。它与宇宙的膨胀有关，因此在天文学中得到了广泛的应用。来自遥远星系的光以非常微弱的红色到达我们这里。红移用字母 z 表示，即增加的波长与原始波长之比。这就意味着微波背景辐射（宇宙中最古老的光）有一个 z = 1 089 的红移。该红移与多普勒效应直接相关。

黄道 指两个不同的概念：一方面，指的是太阳在其一年的天球运动中描绘出的圆形路径；另一方面，指的是地球绕着太阳运动的轨道平面。黄道可以作为太阳系中其他天体的轨道倾角的参考。

黄道十二宫 天空中位于黄道平面上方和下方约 9° 的区域。从地面上看，太阳、月球和其他行星都在其中移动。它包括十二星座：白羊座、金牛座、双子座、巨蟹座、狮子座、室女座、天秤座、天蝎座、人马座、摩羯座、宝瓶座和双鱼座。

J

角动量 描述旋转物体运动的物理量。角动量可分为两个分量：轨道角动量，即绕外轴的旋转运动；自旋角动量，即绕自旋轴的旋转运动。

角速度 描述物体绕轴旋转运动的物理量值，指物体在单位时间内转过的角度。

金属丰度 用来描述恒星中比氦重的化学元素的术语。在天体物理学中，所有这些元素都被称为金属。它由字母 Z 表示，表示恒星或其他天文物体的质量分数，它既不是氢（X）也不是氦（Y）这两个宇宙中最丰富的元素。

径向速度 用来表示一个物体在单位时间内与参考点之间的距离变化的物理量。

L

类星体 极其明亮的活动星系核，由一个超大质量的黑洞以及冲向黑洞并围绕黑洞运动的一系列物质共同组成。最强大的类星体的光度比银河系高出数千倍。今天，类星体是一种罕见的现象，但是大约在 100 亿年前，大多数星系的中心都有一个类星体。

M

脉冲星 一种快速自转的中子星，在两极处向外喷发出很强的辐射。当辐射束在旋转过程中扫过地球方向时，人们便能探测到周期性的脉冲信号，其行为仿佛是宇宙中的灯塔。有些脉冲星每秒自转多达数百次。

密度波 旋臂是星系中密度较高的区域，其旋转速度低于位于星系内部的恒星和气体。当气体进入旋臂中，它将被压缩并触发新的恒星形成。旋臂结构是由密度波的存在而发展起来的。

Q

气体 四种基本物质状态之一，介于液体和等离子体状态之间。气体与液体和固体的显著区别在于组成它的气体粒子之间间隔很大。

氢 是用字母 H 和原子序数 1 表示的元素。它的原子形式约占宇宙中所有重子物质，即可观测物质的 75%。它以不同的方式存在。如果失去电子，它会带正电，并被称为电离氢（HII）；如果质子保留其电子，则称为中性氢（HI）；它也可以分子氢（或双原子氢）的形式存在，由该元素的两个原子形成。

S

赛弗特星系 具有活动星系核的星系，与类星体非常相似，但发光程度较低，并且具有可观察到的星系结构。所有星系中约有 10% 属于这种类型。尽管初步看上去它们似普通的旋涡星系，但对其他电磁光谱的研究揭示了它们的性质。此类星系中超大质量黑洞被涌入内部的物质盘包围。

射电波 波长比红外线长的电磁辐射类型。在天文学中，它们是由我们在宇宙中发现的一些最有活力的物体发出的。因此，对射电波的研究可以对超新星遗迹进行分析，并且可以更好地了解脉冲星、银河系的中心和背景辐射。

射电望远镜 专门用于接收来自天体的射电波的设备。通常由带有抛物面的天线组成，并且可以在射电望远镜矩阵中单独使用或一起使用。为避免受到诸如无线电、电视、雷达等设备的干扰，射电望远镜一般置于远离人群中心的地方。

射电星系 射电波段极度明亮的星系。典型的射电星系大多为巨椭圆形星系并包含一个非常活跃的活动星系核，高能带电粒子流从中倾泻而出并与它们周围的环境相互作用。

深空 延伸在不同天体之间的空间区域。传统上，它是指超出地球范围甚至有时超出太阳系的空间。不同物体之间的空间并不完全是空的，而是包含低密度的粒子（主要是氢和氦等离子体）以及电磁辐射、磁场、中微子、尘埃和宇宙射线。

视差 从两个不同位置观察同一物体时，它相对较遥远物体有明显的位置表观移动。在天文学中，这一概念被用于测量遥远天体的距离。1 秒差距表示具有 1 角秒视差角的距离，即 3.26 光年。

T

天赤道 天球上假想的一个大圆，它与地球的赤道处于同一个平面。换言之，天赤道是地球赤道在天球上的投影，它相对于黄道面的倾斜度为 23.4°。

天球 以地球为中心的抽象球体。可以将天空中的所有物体理解为好像它们都投影到球体的内表面上。这在天文学中是一个有用的工具，因为没有关于我们与它们之间实际距离的准确信息，所以看上去所有的天体似乎都离我们一样远。

W

微波 一种电磁辐射，其波长范围为 1 毫米 ~ 1 米。射电天文学使我们能够研究来自恒星、行星、星系和其他天体的微波辐射。科学家探测到的宇宙微波背景（宇宙中最古老的光）正是这种波。

物质 指一切具有质量并占据一定空间的物体。其中包括原子和由原子构成的所有物质，光和声现象除外。物质具有四种存在形态：固体、液体、气体及等离子体。我们将所有可见物质称为普通物质或者重子物质。除此之外，宇宙中有 26.8% 的组成部分为暗物质，即不参与电磁相互作用（因而不可见），却与引力发生相互作用的一种假想物质。

X

吸积 是指大质量天体通过引力聚集周围物质的过程。这种现象导致了吸积盘的产生。有证据表明，大多数天体（星系、恒星、行星以及一些卫星）都是通过吸积过程形成的。

星等 是在特定波长下衡量天体亮度的量度，通常用于可见光谱或近红外。星等分为两种类型：视星等和绝对星等。视星等是指从地球角度观测到的天体亮度；绝对星等是假设物体位于距地球 10 个秒差距（32.6 光年）的标准距离处所具有的亮度。亮度和星等值成反比，天体越亮，星等值越低。

星际尘埃 来自古老恒星的残骸，由存在于恒星系统之外的太空中的微小粒子组成。对它们的研究有助于我们更好地了解恒星的演化。一般而言，所有这些粒子都被称为宇宙尘。

星团 一群恒星由于自身引力作用束缚在一起，叫作“星团”。可分成两大类型：球状星团，由古老恒星组成的巨大恒星群（恒星数量从一万到数百万颗不等），其恒星年龄大约有 110 亿年的历史；疏散星团，它只包含几十颗年轻恒星。与球状星团不同的是，最终，疏散星团仅凝聚数百万年就会散开，其中所有的恒星在诞生之初就已成团。

星系 恒星、行星、星云和黑洞等天体由于引力束缚而结合在一起的运行系统。根据其结构和大小，可进行不同方式的分类。银河系是一个棒旋星系，由 1 000 亿 ~4 000 亿颗恒星组成，直径约为 12 万光年。

星系棒 有些旋涡星系会呈现出贯穿星系核的棒状结构，银河系就是个例子。宇宙中已经观测到的旋涡星系有大约 66% 具有棒状结构。星系棒扮演着“恒星育婴室”的角色，将星际气体吸收到星系中心并造成恒星的形成。

星系臂 从旋涡星系中心延伸出来的由恒星、气体和尘埃组成的旋涡状结构。它们是旋涡星系外形的主要特征。银河系也具有旋臂，太阳系位于它其中的一条旋臂上，称为猎户臂，有时也称为本地臂。

星系核 它是一个星系的中心，通常由一大群恒星组成。如果星系足够大，它将包含一个超大质量黑洞。当星系核吸积周边物质时，可能导致中心区域的亮度大大高于正常值。一般这种星系核则称为活动星系核。

星系核球 紧密聚集的一群恒星，一般是指很多旋涡星系（如银河系）中心的明显突起。星系核球是更小结构合并的结果，在其中心处通常存在一个超大质量的黑洞。

星系盘 旋涡星系的旋臂和星系棒所在的平面。它是旋涡星系中气体和尘埃密度最高的区域，盘面聚集了大量年轻恒星，其中多为大质量恒星，寿命短且呈蓝色。正是这种特征赋予了旋涡星系蓝色的基色色调。

星系晕 一个近似球形的区域，该区域延伸到星系的可见部分之外，由稀疏的星际气体、古老恒星和暗物质组成。

星云 星际空间中的气体和尘埃云。绝大多数星云是星系中的恒星形成区，但是该术语也用于定义恒星演化晚期所抛出的气体壳层，被称为行星状星云。

星座 天空中不同区域恒星通过组合而虚构出来的一些可识别的形象。它们通常代表神话中的动物和生物以及英雄和不同的神灵。整个地面天球可划分为 88 个现代星座，分别代表了 42 种动物、29 个无生命的物体和 17 个神话生物。

行星系统 围绕恒星或多个星体系统运转的一组天体，包括行星、卫星、小行星以及其他小天体。地球所在的行星系统称为太阳系。除太阳系外，宇宙中已经发现了 2 500 多个行星系统。

X 射线 一种高能辐射，但略低于伽马射线。它是由温度超过 100 万摄氏度的天体发出的。因为地球大气层会吸收 X 光，所以，它们的研究只能在太空中进行。

Y

耀变体 是一种非常致密的类星体，与巨椭圆星系中心的超大质量黑洞有关。它是已观测到的宇宙中最剧烈的天体现象之一。当耀变体发出的物质喷流（其速度接近光速）指向地球方向时，会被清晰地观察到。

银道面 银河系主要的质量形成的盘状平面。这是一个笼统的定义，因为并非所有恒星都在银道面中运动。例如太阳在其 2.5 亿光年的公转周期中，总是在银道面上下方反复穿行。

引力 有质量物体（从星系到苹果）相互吸引的现象。它是物理学的四大基本力之一，也是其中最弱的。但是从宏观角度来说它是非常重要的。

引力透镜效应 介于远距离光源和观测者之间的物质分布，能使背景光源发出的光在到达该观测者的路径上发生弯曲。通常，这种物质是一个遥远的星系团，能够偏折更远天体的光线。引力透镜效应覆盖整个电磁波谱，而不仅局限于可见光。

宇宙 时间和空间的集合（也称为“时空”），包括星系、恒星、行星等，以及星系间的空间和所有物质、能量。已知宇宙的直径大约是 930 亿光年。它通常也被称为“可观测宇宙”，因为它只包含宇宙中光已到达我们的区域。虽然我们看不到可观测宇宙之外的区域，但我们认为，可观测宇宙之外还有更多的宇宙。

原初核合成 指宇宙在大爆炸最初阶段产生比氕（氢的同位素之一，只有单独的一个质子）重的元素的过程。在大爆炸之后的 10 秒到 20 分钟内，（通过核反应）形成了宇宙中的大部分元素氦，以及微量的锂同位素。其余比锂重的元素主要在恒星内部和其他反应过程中形成。

原行星盘 环绕在新生恒星周围的致密的气体尘埃盘。随着时间推移，原行星盘将逐渐孕育出行星系统中的天体，其中的物质也可能被注入恒星中。

Z

正电子 电子的反粒子（或反物质）。它与电子质量相同，但带正电荷。当正电子和电子碰撞时，它们会发生湮灭，从而导致伽马射线光子的发射。

质量 物质所具有的一种物理属性，可用来表示物体受力时对加速度的阻力，也指它作用于其他天体上的引力。质量和重量是两个不同的概念，质量与引力共同决定重量的大小。由于引力差异，质量相同的物体在地球上的重量比在月球上更大。

中性氢区和电离氢区 星际介质中的星云由中性氢（HI）或电离氢（HII）组成。像银河系一样，中性氢区域对于确定旋涡星系的结构起关键作用。而在电离氢区，恒星形成非常普遍。旋涡星系中分布着大量电离氢区域。

重原子 比铁原子（原子序数为 26）含有更多质子和中子的原子，在其中可以找到锡（47）、汞（80）、铅（82）和铂（78）元素。这些元素不是在恒星内部形成的，而是有不同的来源，例如金和银是在两个中子星碰撞后形成的。

紫外线 电磁波谱辐射的一种。它的波长比可见光的波长短，但比 X 射线的波长长。太阳发出的能量中大约有 10%是紫外线辐射。

图片来源

封面

Serge Brunier / NASA; Contraportada: (上) RAS / NASA & ESA Planck LFI & HFI Consortia; [左下] Local Group Galaxies Survey Team / NOAO / AURA /NSF; [右下] NASA;

内文

2-3: Mark A. Garlick; 4-5: ESA / Hubble; 6-7: NASA / STScI; 8-9: NASA / STScI; 10-11: NASA / STScI; 12-13: ESO / VVV Survey / D. Minniti;

14-15: Robert Gendler; 16-17: Mark A. Garlick; 18-19: Infographics; 20-21: Juan William Borrego Bustamante;
22-23: (1) NASA, ESA, CXC & J. Strader (Michigan State University); (2) NASA / ESA / Hubble; (3): ESO; (4) ESA / Hubble & NASA; (5) NASA, ESA & The Hubble Heritage Team (STScI / AURA); 24-25上: Juan Venegas; 24-25下: Felipe García Mora; 26-27: ESA / Planck; 27: Felipe García Mora;

28-29: ESA /Herschel / HOBYS; 30: NASA / JPL-Caltech / R. Hurt (SSC / Caltech); 30-31: NASA / CXC / M. Weiss / Ohio State / A. Gupta et al.; 32-33: (1) Sloan Digital Sky Survey; (2) NASA, ESA & AURA / Caltech; (3) ESO; (4) NASA, ESA, R. O'Connell (Univ. of Virginia), F. Paresce (National Institute for Astrophysics, Bologna), E. Young (Universities Space Research Association / Ames Research Center), WFC3 Science Oversight Committee & The Hubble Heritage Team (STScI / AURA); 34上: Mark A. Garlick; 34下: Leo Blitz / Carl Heiles / Evan Levine-UC Berkeley; 34-35: Mark A. Garlick; 36-37: NASA / Space Telescope Science Institute; 40a: Felipe García Mora; 38下: David Nidever (univ. Michigan & Virginia) & SDSS-III; 38-39: Mark A. Garlick; 39左: NASA, ESA & The Hubble Heritage Team STScI / AURA; 39中: Hubble Legacy Archive, NASA, ESA & Steve Cooper; 39右: Adam Block / Mount Lemmon SkyCenter / Univ. of Arizona; 40-41: NASA; 41上: NASA & The Hubble Heritage Team (STScI / AURA); 41下: PdBI Arcsecond Whirlpool Survey; 42左: D. D. Dixon (Univ. of California, Riverside) & W. R. Purcell (Northwestern University); 42-43: David A. Aguilar (CfA); 44-45: NASA / CXC / MIT / F. Baganoff, R. Shcherbakov et al.; 45: NASA / CXC /Stanford /I. Zhuravleva et al.; 46左上: Bob y Janice Fera (FeraPhotography); 46-47: ESO / S. Brunier; 46右上: Ken Crawford; 46左中下: Farmakopoulos Antonis; 46右中下: César Blanco González; 46右下: George Jacoby (NOAO) et al. & WIYN, AURA, NOAO, NSF; 47左上: NASA, ESA, N. Smith (Univ. California, Berkeley) et al. & The Hubble Heritage Team (STScI / AURA); 47右上: NASA / CXC / PSU / K. Getman, E. Feigelson, M. Kuhn & the MYStIX team & NASA / JPL-Caltech; 47下: ESO /J. Emerson/ VISTA & HLA, Hubble Heritage Team (STScI / AURA) & Robert Gendler; 48: NASA / CXC / PSU / K. Getman et al. & NASA / JPL-Caltech / CfA /J. Wang et al.); 48-49上: ESO / Digitized Sky Survey 2; 48-49下: ESA / Herschel / PACS, SPIRE / Gould Belt survey Key Programme / Palmeirim et al.; 49上: FORS Team, 8.2-meter VLT Antu, ESO;49下: ESA / SPIRE / PACS / P. André (CEA Saclay); 50-51: NASA, ESA, Hubble Heritage Team; 50: Felipe García Mora; 52-53: NASA / FUSE / Lynette Cook; 53: NASA / R. Hurt / T. Pyle; 54-55: IAU / L. Calçada;

56-57: R. Colombari/G. Paglioli; 58-59上: Sloan Digital Sky Survey (SDSS); 58-59下: Felipe García Mora; 60-61: Felipe García Mora; 62-63: Felipe García Mora; 62下: R. Brent Tully et al., Nature Publishing Group; 64(fondo): ESO / R. Gendler; 64左上: ESA /Hubble & NASA; 64右上: ESO / L. Calçada; 64左下; ESO; 64右下: NASA, ESA, F. Paresce (INAF-IASF, Bolonia), R. O'Connell (Univ. of Virginia, Charlottesville) & the Wide Field Camera 3 Science Oversight Committee; 65(fondo): ESA/Hubble & Digitized Sky Survey 2. ; 65上: David L. Nidever, et al., NRAO / AUI / NSF & Mellinger, Leiden /Argentine / Bonn Survey, Parkes Observatory, Westerbork Observatory, Arecibo Observatory; 65中右: ESA / NASA; 65中左: A. Nota (ESA / STScI) et al., ESA, NASA; 67b: NASA, ESA & the Hubble Heritage Team (STScI / AURA)-ESA / Hubble Collaboration; 66-67: (1) NASA; (2) Astrodon; (3) P. Massey / Lowell Observatory & K. Olsen / NOAO / AURA / NSF); (4) Local Group Galaxies Survey Team / NOAO / AURA /NSF; (5); Fabrizio Francione; (6) ESO; (7) Robert Gendler, Subaru Telescope, National Astronomical Observatory of Japan (NAOJ);

68-69: A. Angelich / NRAO / AUI / NSF; 70-71: NASA; 70: G. Stinson (MPIA); 71(1-6): NASA /ESA / C. Papovich (Texas A&M) / H. Ferguson (STScI) / S. Fabe; 72-73: Illustris Collaboration; 75bi-bd: NASA, ESA, M.J. Jee and H. Ford (Johns Hopkins University); 74: Felipe García Mora; 74-75: NASA; (1, 2, 3, 4, 5,6): NASA, ESA, The Hubble Heritage Team (STScI / AURA)-ESA / Hubble Collaboration & A. Evans (Univ. Virginia, Charlottesville / NRAO / Stony Brook University), K. Noll (STScI), J. Westphal (Caltech);

76-77: ESO / B. Tafreshi; 78: ESO / S. Brunier; 78-79: ESA / ATG & ESO / S. Brunier; 79: Juan Venegas; 80: ESA /NASA / JPL-Caltech; 80-81 (1) Fermi & ROSAT; (2) IRAS / NASA & ESA Planck LFI & HFI Consortia; (3) ESA Planck LFI & HFI Consortia & Haslam et al.; (4) WISE / NASA / JPL-Caltech / UCLA; (5) Haslam et al; (6) ROSAT & Nick Risinger; 82-83 Aleksandra Alekseeva / 123rf; 84左下: NASA / Swift & Bill Schoening, Vanessa Harvey / REU program /NOAO / AURA / NSF; 84右下: NASA / JPL-Caltech /K. Gordon (Univ. Arizona); 85左下: ESA/ Herschel / PACS / SPIRE / J.Fritz, U.Gent / XMM-Newton / EPIC / W. Pietsch, MPE; 85右下: UV-NASA / Swift /Stefan Immler (GSFC) &Erin Grand (UMCP), Bill Schoening, Vanessa Harvey / REU program / NOAO / AURA / NSF; 85左上: NASA, ESA & the Hubble Heritage Team (STScI / AURA)-Hubble / Europe Collaboration; 85右上: Fernando de Gorocica; 86-87: NASA / ESA & The Hubble Heritage Team (STScI / AURA).